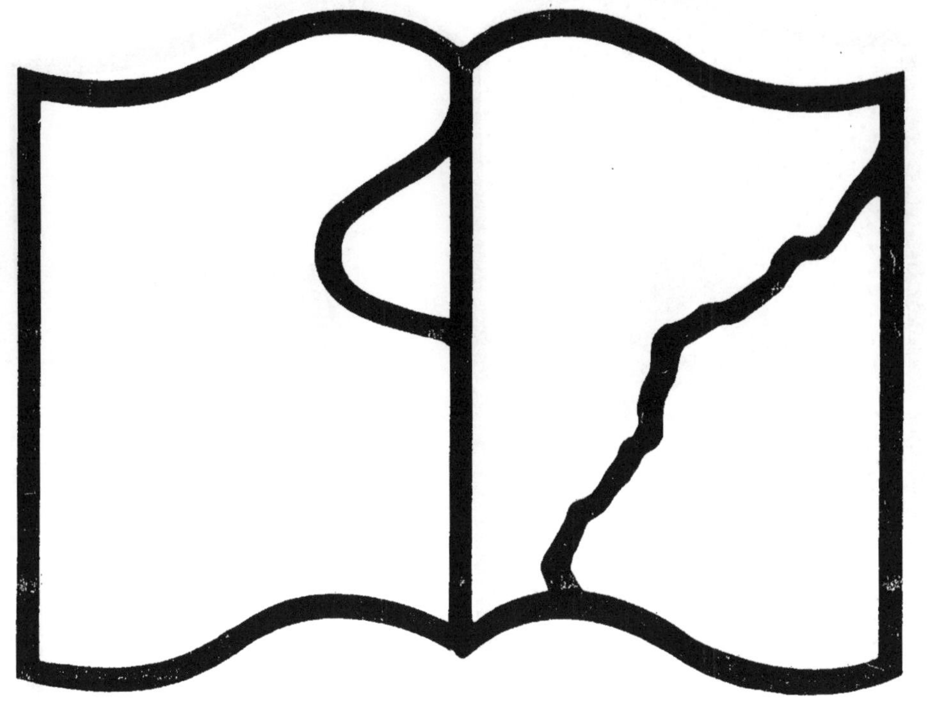

Texte détérioré — reliure défectueuse

NF Z 43-120-11

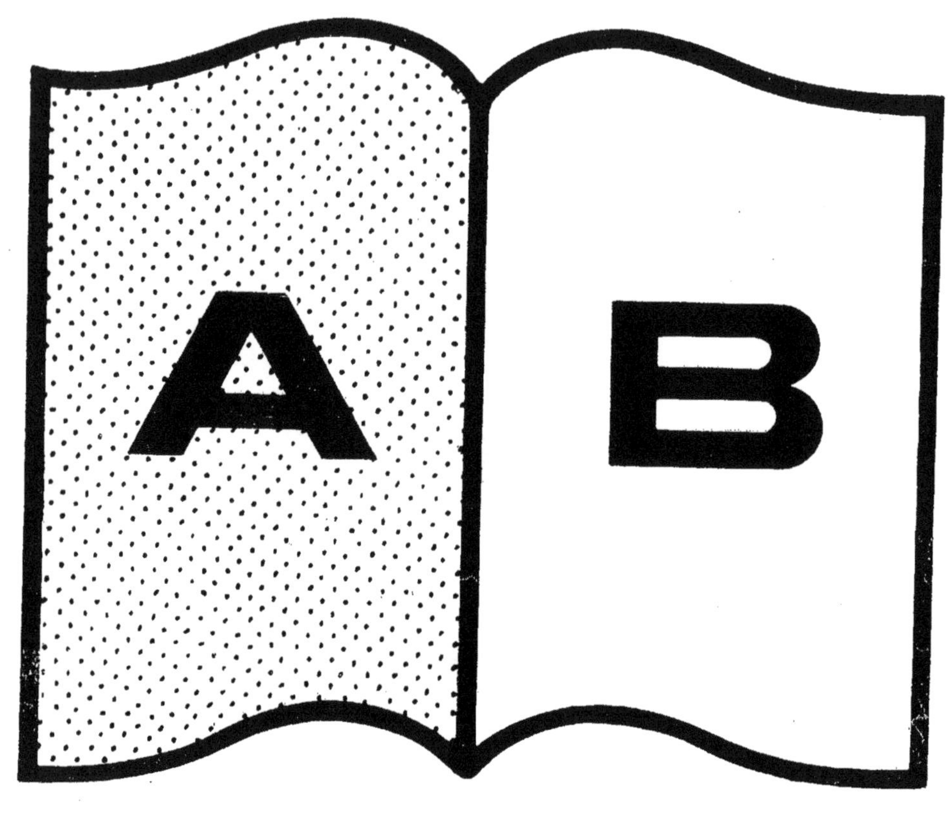

Contraste insuffisant

NF Z 43-120-14

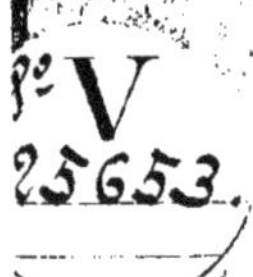

NOTE

SUR

L'Amélioration des Services d'Eau

DE LA

VILLE DE MARSEILLE

CONFÉRENCE

Faite à la Société Scientifique Industrielle de Marseille
le 15 Novembre 1894.

PAR

M. Charles REBUFFEL

Ingénieur des Ponts et Chaussées

MARSEILLE
TYPOGRAPHIE ET LITHOGRAPHIE BARTHELET ET Cie
19, Rue Venture, 19

1894

NOTE

SUR

L'Amélioration des Services d'Eau

DE LA

VILLE DE MARSEILLE

CONFÉRENCE

Faite à la Société Scientifique Industrielle de Marseille
le 15 Novembre 1894.

PAR

M. Charles REBUFFEL

Ingénieur des Ponts et Chaussées

MARSEILLE

TYPOGRAPHIE ET LITHOGRAPHIE BARTHELET ET Cie

19, Rue Venture, 19

1894

NOTE

SUR

L'AMÉLIORATION DES SERVICES D'EAU

DE LA VILLE DE MARSEILLE

Par M. Charles REBUFFEL
Ingénieur des Ponts-et-Chaussées

MESSIEURS,

La question de l'alimentation en eau de la ville de Marseille est une de celles qui préoccupe le plus vivement l'opinion publique.

Tout habitant de Marseille ne connait que trop pour avoir à les subir les défectuosités de système actuel d'alimentation : chacun se rend compte de l'utilité d'une amélioration de ce service ; nous allons essayer de montrer qu'elle est non seulement utile mais indispensable et urgente, si l'on veut éviter à la population marseillaise les plus graves mécomptes, tant au point de vue hygiénique qu'au point de vue financier.

Nous nous servirons pour faire cette démonstration des renseignements puisés dans l'étude que la Société des Grands Travaux de Marseille a fait faire sur cette importante question par son service technique, avec la précieuse collaboration de Monsieur l'Ingénieur HANCHÉ.

Cet ingénieur qui, tout récemment encore, remplissait les hautes fonctions de Directeur du Canal de la Durance, était plus qu'aucun autre compétent pour apprécier les défauts d'un service qu'il a dirigé pendant de longues années et pour en étudier l'amélioration. C'est assez vous dire quelle part prépondérante lui revient dans notre travail commun et si aujourd'hui je prends la parole devant vous, c'est qu'il a fallu me rendre à l'insistance qu'il a mise à me laisser cet honneur et ce plaisir.

État actuel de l'Alimentation. — L'alimentation de Marseille est actuellement assurée par une canalisation unique qui distribue les eaux du Canal de la Durance.

La dérivation dite : « le Merlan-Longchamp » aboutit au plateau du château d'eau et y amène à la cote (74.00) un débit continu d'environ 2.500 litres par un canal découvert qui traverse, sur environ six kilomètres, les quartiers populeux et industriels de la banlieue.

Les conduites de distribution partent de l'extrémité de cette dérivation et la canalisation dessert la plus grande partie de la ville en alimentant à la fois les maisons et les prises des services publics.

Indépendamment du réseau de Longchamp, il en existe un second qui prend les eaux du Canal de la Durance sur la dérivation de Saint-Barnabé, à une altitude bien plus élevée que le Château d'Eau, et qui dessert certains quartiers hauts de la Ville.

Inconvénients et danger de l'état de choses existant.

Insuffisance d'une canalisation unique pour desservir à la fois les services publics et les concessions privées. — La canalisation existante est incapable de suffire à la fois aux besoins des services publics et à l'alimentation des maisons.

Dans un rapport en date du 25 juillet 1891, Monsieur l'ingénieur Hanché, alors Directeur du Canal, écrivait : « Depuis quelques « années, les services publics ont pris une extension considérable. « Ils absorbent, en été surtout, une telle quantité d'eau, que la « pression des conduites se trouve réduite à un minimum qui ne « permet pas, dans de nombreux quartiers, de desservir les « caisses de division et d'alimentation des concessionnaires. « L'eau, en effet, n'a plus une pression suffisante pour atteindre le « niveau de ces caisses.

« D'un autre côté, le nombre des concessionnaires d'eau continue

« augmentant de jour en jour aussi bien que les services publics, « les conduites deviennent insuffisantes et nous prévoyons le « moment où l'on pourrait être obligé de refuser des concessions « si des mesures radicales n'étaient pas prises. »

Cette situation, déjà grave au moment où la signalait M. l'ingénieur Hanché, va devenir intolérable quand, après l'achèvement des travaux d'assainissement, il va falloir faire fonctionner le réseau d'égouts et obliger toutes les maisons à organiser leur « Tout à l'égout » dans les conditions prescrites par le décret du 16 mars 1892, c'est-à-dire à faire nécessairement une abondante consommation d'eau.

Du coup, les services publics vont demander pour le fonctionnement des chasses un cube supplémentaire d'au moins 10.000 mètres cubes par 24 heures et le nombre des concessions privées passera de 15.000 à 30.000 rien que dans le périmètre de l'assainissement.

Il est essentiel que ces transformations dans le régime de la distribution des eaux puissent être réalisées dès que l'assainissement sera terminé ; car, d'une part, la mauvaise alimentation des réservoirs de chasse compromettrait le fonctionnement du nouveau réseau d'égouts et, d'autre part, la Ville ne pourrait pas imposer l'application du décret et, par suite, le paiement de la taxe de vidange aux maisons qu'elle serait incapable d'alimenter en eau, ce qui aurait vite fait de lui créer de grandes difficultés budgétaires, obligée qu'elle serait de payer les annuités consenties par elle pour l'amortissement des frais de premier établissement, alors qu'elle ne percevrait pas la plus grosse part des ressources escomptées dans ce but.

Inconvénients des chômages périodiques du Canal. — Les chômages périodiques du canal ont pour conséquence d'enlever généralement tous les ans, pendant deux périodes d'une quinzaine de jours chacune, la possibilité d'alimenter suffisamment les maisons et de supprimer presque complètement l'alimentation des services publics.

Quand le « Tout à l'égout » sera organisé dans les maisons, il sera impossible que les appareils sanitaires fonctionnent sans eau pendant plusieurs jours consécutifs. Il faudra de toute nécessité que, pendant le chômage du canal, les habitants disposent toujours, sinon de la totalité des 120 litres auxquels a été évaluée, dans le cahier des charges de l'assainissement leur consommation journalière et individuelle, mais tout au moins de la moitié, soit 60 litres, ce qui, pour une population susceptible d'atteindre 4 à 500.000 habitants, exigera une disponibilité journalière de 25 à 30.000 mètres cubes.

Pour les services publics, trois au moins devront être assurés, sinon avec leur pleine alimentation, tout au moins avec un rationnement suffisant.

1° Les réservoirs de chasse, dont le fonctionnement ne doit être ni interrompu, ni même ralenti, demanderont au moins....	10.000 mètres cubes
2° Le service général des égouts, caniveaux, etc., au moins....................	15.000 »
3° Le service des arrosages et des incendies, au moins..........................	25.000 »
Soit, au total, nécessité absolue de disposer en temps de chômage et par 24 heures d'au moins..........................	**80.000** »

Inconvénients du mode actuel de distribution des eaux aux concessionnaires privés. — Les concessions privées sont actuellement desservies par des robinets de jauge qui ne laissent passer d'une façon continue qu'un débit généralement infinitésimal par des orifices d'écoulement dont le diamètre varie entre 1 et 3 millimètres. L'eau continue s'emmagasine dans des caisses où les consommateurs puisent à proportion de leurs besoins.

Le moindre corps étranger suffit à obstruer ces étroits orifices et les variations de pression dans le réseau de distribution en altèrent, dans de larges limites, la capacité de débit.

Pour remédier à ces inconvénients et éviter, dans une certaine mesure, les réclamations des usagers, les agents de la Ville règlent largement les prises d'eau et donnent aux appareils régulateurs une ouverture beaucoup plus grande que ne comporte la concession payée à la Ville par chaque propriétaire.

Il en résulte des usurpations constantes commises, au préjudice de la Ville, par les concessionnaires qui, assurés de l'impossibilité pour l'administration de régler les débits aux volumes correspondants aux concessions, ne demandent à s'abonner que pour des quantités d'eau insignifiantes, en comparaison de l'importance des besoins de leurs immeubles.

C'est ainsi que, sur 15,000 abonnements qui existent dans le périmètre de l'assainissement, il y en a plus de 6.000 qui n'ont que la concession minima de 0 module 05, soit 432 litres par 24 heures, pour des maisons qui sont souvent habitées par quinze ou vingt personnes et qui devraient consommer de 1.500 à 2.000 litres.

A l'heure actuelle, l'alimentation des 15.000 concessions existantes ne devrait exiger réglementairement qu'un débit continu de 300 litres au plus ; en réalité la Ville dépense pour ce service plus d'un mètre cube ; cela est d'autant plus fâcheux que les eaux ainsi livrées en excédent non seulement ne rapportent rien à la caisse municipale, mais encore sont généralement perdues sans profit pour personne, car la plus grande partie s'écoule par les surverses quand les caisses des maisons sont pleines et le mince filet continu qui arrive à l'égout n'a aucune action efficace pour son nettoyage.

La Ville est donc gravement lésée dans ses intérêts financiers et, d'autre part, les habitants ne sont généralement pas satisfaits car ils ont à supporter des inconvénients graves et nombreux :

« Impossibilité absolue de dépasser en aucun cas la consommation fixée, même pour un besoin extraordinaire ; obstructions fréquentes de la jauge ; manque de pression ; nécessité de réservoirs encombrants où les matières en suspension se déposent, où l'eau s'échauffe, se gâte même si l'on n'y fait des nettoyages fréquents; manque d'eau complet quand les réservoirs viennent à se trouver vides, etc. »

Dangers résultant de la mauvaise qualité des eaux distribuées. — Le réseau de distribution est, comme nous l'avons dit, alimenté par les eaux du Canal de la Durance dérivées de la branche-mère au lieu dit « Le Merlan » et amenées au plateau du Château-d'Eau par un canal découvert d'environ six kilomètres.

Dans la branche-mère, les eaux de la Durance peuvent être considérées comme suffisamment salubres, puisque, d'après les analyses de M. le professeur Rietsch, elles contiennent un nombre de bactéries généralement inférieur au chiffre de 300 admis comme maximum pour les eaux potables.

Mais sur le trajet, relativement court, de la dérivation aboutissant à Longchamp, les causes de contamination sont nombreuses. Le canal, en effet, traverse à ciel ouvert une population agglomérée et il est presque partout accessible. L'eau entre dans une trentaine d'usines importantes dont 28 minoteries et 2 huileries. Elle sert de force motrice à ces usines et, chose bien plus grave encore, elle sert aussi au lavage des grains et retourne ensuite dans le canal.

« Durant tout ce parcours de six kilomètres l'eau de la dériva-
« tion de Longchamp, c'est-à-dire l'eau qui alimente la presque
« totalité de la population marseillaise, est donc exposée à être
« souillée par l'homme, par son linge, ses déjections, par les
« animaux domestiques, par la terre labourée et fumée, par la
« poussière des routes, etc., etc., et aussi par des grains exoti-
« ques plus ou moins avariés et putréfiés.

« Est-il possible de trouver des conditions plus défavorables à
« l'état sanitaire de la population ? Qu'il se produise un cas de
« fièvre typhoïde ou de choléra parmi les personnes susceptibles
« de souiller journellement l'eau du canal et il y a bien des
« chances pour que la contamination se propage dans divers
« quartiers, pour ne pas dire aux quatre coins de la Ville !

« Il n'y a vraiment pas à s'étonner après de telles constatations
« du taux si élevé de la mortalité à Marseille. » (Rapport de M. le Dr MIREUR sur l'alimentation de Marseille en eau potable).

Conclusions à tirer de l'examen de l'état de choses existant

En résumé l'état actuel de l'alimentation d'eau de Marseille comporte des inconvénients graves qui peuvent être rangés dans quatre catégories distinctes :

1° L'eau actuellement distribuée est impropre à la consommation privée et, tout en la conservant pour les services publics auxquels elle suffit, il faut la remplacer, pour l'alimentation des maisons, par des eaux pures et salubres ;

2° Le mode de livraison des eaux actuellement en usage pour les concessions privées est désavantageux tant pour la Ville dont il lèse les intérêts financiers, que pour les consommateurs dont il ne peut satisfaire les exigences légitimes. Il faut de toute nécessité lui substituer un mode plus rationnel qui, tout en assurant à la Ville le paiement de l'eau réellement consommée, évitera les pertes inutiles par les surverses et permettra aux usagers d'avoir constamment de l'eau fraîche et salubre à leur libre disposition ;

3° Le réseau de distribution existant a une puissance de débit qui ne lui permet absolument pas d'assurer à la fois l'alimentation des services publics et celle des maisons. Pour que le fonctionnement de l'assainissement soit assuré, il faut de toute nécessité affecter ce réseau exclusivement aux services publics qu'il suffira à peine à desservir après les développements qu'ils vont recevoir. Quant à l'alimentation des maisons elle devra être assurée par un réseau distinct, créé de toutes pièces, que l'on alimentera avec des eaux salubres amenées tout exprès et que l'on disposera en vue du nouveau mode de livraison qu'il convient d'adopter ;

4° Les interruptions à peu près complètes du service d'alimentation telles qu'elles se produisent aujourd'hui pendant les deux chômages annuels seront inadmissibles quand l'assainissement fonctionnera, et il faut de toute nécessité que, pendant ces périodes, l'on puisse disposer journellement d'un volume minimum de 80.000 mètres cubes dont 30.000 mètres cubes au moins devront être d'une eau assez pure et assez salubre pour servir à l'alimentation des maisons.

De tous les travaux qu'il est nécessaire d'exécuter pour remédier aux inconvénients que nous venons de signaler, le plus urgent est la construction du nouveau réseau de distribution destiné à alimenter les concessions privées.

Sitôt que cette canalisation sera terminée, on l'alimentera, faute de mieux, avec les eaux du canal de la Durance prises à même dans la branche-mère et ensuite on travaillera à solutionner dans leur ordre d'urgence les diverses questions que comporte encore l'amélioration nécessaire des services d'eau de la Ville de Marseille, c'est-à-dire :

1° *La suppression des chômages* ou tout au moins le moyen d'assurer à la Ville, pendant leur durée, la disposition continue des 80.000 mètres cubes par vingt-quatre heures qui seront, comme nous l'avons vu, indispensables au fonctionnement simultané des services publics et des services privés.

2° *La substitution* d'eaux parfaitement pures et salubres à celles encore médiocres que l'on aura provisoirement empruntées à la branche-mère du canal de la Durance,

CHAPITRE PREMIER

Création d'un second réseau de distribution spécialement affecté à l'alimentation des concessions privées

Evaluation du volume d'eau nécessaire pour l'alimentation des concessions privées. — Nous pouvons prendre pour base d'évaluation la consommation privée d'un habitant, comprenant la boisson, la cuisine, la toilette, l'hydrothérapie, le nettoyage des water-closets, le lavage des appartements et accessoirement, dans certains quartiers et pour certains immeubles, le service des écuries et remises, l'arrosage des cours et jardins de la Ville, le lessivage du linge et certains usages industriels. Il serait certainement possible d'interdire l'emploi de l'eau potable pour ces derniers usages, voire même pour le lavage des water-closets, mais ce serait là une cause de grande complication dans la distribution privée et il convient, croyons-nous, de l'éviter en admettant comme règle générale, que le réseau chargé de distribuer l'eau potable, fournira intégralement toute l'eau consommée par les particuliars pour quelque usage que ce soit, sauf à laisser s'alimenter par le réseau des services publics, tout ou partie de quelques concessions industrielles (deux cents au plus), qui consomment des quantités d'eau considérables, sans que la question d'absolue pureté des eaux présente un intérêt réel pour les industries desservies.

Ce principe une fois posé, reste à déterminer le coefficient de consommation journalière qu'il convient d'admettre par habitant. La plupart des hygiénistes considèrent qu'il suffit de 50 à 60 litres, ce chiffre nous paraît faible, étant donnés le climat de Marseille et les habitudes qui y ont été prises par les habitants (lessivage du linge très pratiqué dans les quartiers pauvres ; jardins de ville assez nombreux, etc.).

D'autre part, le chiffre de 120 litres inscrit dans le cahier des charges de l'assainissement est, peut être, quelque peu exagéré.

Nous proposons néanmoins de l'adopter, sinon pour l'évaluation des ressources en eau potable qu'il sera nécessaire de se procurer immédiatement, tout au moins pour le calcul de la puissance de débit du réseau chargé de distribuer cette eau.

De cette façon, si les circonstances naturelles exigent une plus étroite limitation de la quantité d'eau potable disponible, l'on se contentera de distribuer les ressources que l'on aura pu se procurer sans que l'on puisse cependant descendre au-dessous du minimum de 50 litres par habitant et par vingt-quatre heures.

Par contre, si les ressources disponibles deviennent tôt ou tard moins restreintes, l'on pourra les distribuer largement jusqu'au maximum de 120 litres par habitant.

En limitant pour le moment la distribution d'eau potable au périmètre de l'assainissement, l'on n'aurait à desservir que 1360 hectares avec une population qui, actuellement, atteint au plus 300.000 habitants.

Il suffirait donc de disposer de 36.000 mètres cubes par jour, soit d'un débit continu de 420 litres, pour être en mesure de fournir 120 litres par vingt-quatre heures à chacun des habitants de la population actuellement agglomérée dans le périmètre assaini.

Toutefois l'on serait très rapidement conduit à développer la nouvelle distribution dans la banlieue et le périmètre alimenté devrait ainsi être porté de 1360 à 2060 hectares ; la population agglomérée pourra également s'accroître et du chiffre de 350.000 habitants qu'elle atteint tout au plus aujourd'hui en comprenant la banlieue s'élever jusqu'à 550.000.

Ce sont ces bases majorées de 2060 hectares et 550.000 habitants qu'il nous paraît utile d'adopter pour calculer, sinon les ressources en eau potable qu'il faudrait se procurer immédiatement, mais tout au moins celles qu'il faudrait se réserver la faculté de pouvoir un jour distribuer.

Dans cette hypothèse et en adoptant toujours le coefficient de

120 litres par jour et par habitant, il faudrait être en mesure de distribuer dans l'avenir 65.000 mètres cubes par vingt-quatre heures correspondant à un débit continu de 756 litres.

Conditions dans lesquelles devra pouvoir être faite la livraison des eaux aux particuliers.— Nous avons déjà indiqué combien le mode de livraison à la jauge actuellement appliquée, est défectueux tout aussi bien pour les concessionnaires que pour l'exploitant.

Il a surtout le grand inconvénient de faire perdre, sans profit pour personne, une grande partie de l'eau distribuée et de rendre à peu près impossible la juste réglementation des débits concédés.

De pareils errements doivent être proscrits dans l'établissement de la canalisation destinée à alimenter les particuliers car, d'où qu'elle provienne, l'eau distribuée sera forcément coûteuse et limitée et il sera essentiel d'en être bon ménager, afin de pouvoir donner la plus large satisfaction aux besoins justifiés des consommateurs sans augmenter, par des gaspillages inutiles, les frais d'adduction et d'exploitation.

La livraison devrait être faite par débit intermittent, à proportion des besoins réels ; une colonne montante conduisant les eaux au-dessus de l'étage habité le plus élevé, ne fonctionnerait que lorsqu'un orifice de puisage serait ouvert dans l'immeuble desservi.

Pour l'installation de la distribution intérieure, la plus grande latitude pourrait être laissée aux abonnés : toutefois, pour éviter qu'à certaines heures la conduite publique ne fût affamée par l'ouverture simultanée d'un trop grand nombre d'orifices de puisage, il serait nécessaire d'exiger l'interposition sur la colonne montante d'un ou plusieurs réservoirs régulateurs dont la capacité serait suffisante pour permettre des puisages accidentels proportionnés aux besoins, sans que le débit directement emprunté à la canalisation publique dépassât un cinquième de litre. Ces réservoirs régulateurs pourraient être :

Soit des récipients communiquant avec l'atmosphère et alimentés par des dérivations de la colonne montante que commanderaient des soupapes à flotteur. A cet effet, l'on pourrait, sans grands frais, utiliser les installations qui existent dans les maisons de Marseille actuellement desservies par le Canal; il suffirait de changer quelques tuyautages et d'adjoindre, à chaque caisse, un robinet à flotteur, mais il faudrait avoir un grand soin d'apporter à ces installations, souvent défectueuses, les améliorations qu'exigent les règles de l'hygiène (faciliter le renouvellement continu des eaux, mettre les caisses à l'abri de l'air et des poussières, rendre possibles les nettoyages périodiques, etc.)

Soit des récipients clos, en tôle ou en fonte dans lesquels l'eau s'emmagasinerait en comprimant l'air et en se mettant, pendant l'arrêt du puisage, en équilibre statique de pression avec le réseau public. Au moment des puisages, l'air comprimé se détendrait *jusqu'à la pression atmosphérique* si le réservoir était placé au *sommet de l'immeuble*, jusqu'à *la pression nécessaire* au fonctionnement de l'orifice ouvert, si le réservoir était dans le sous-sol et par l'effet de cette détente une partie de l'eau emmagasinée servirait à l'alimentation. Ces appareils supprimeraient tous les robinets automatiques et ils éviteraient toute contamination de l'eau par les poussières; comme ils seraient d'ailleurs peu encombrants et commodes à installer dans les sous-sols et dans les combles, nous croyons qu'ils pourraient rendre de très bons services partout où la pression dans le réseau public serait suffisante pour permettre une assez grande détente de l'air comprimé et, par suite, l'utilisation, comme réserve, d'une fraction appréciable de l'eau emmagasinée.

Chaque abonné aurait droit à consommer par vingt-quatre heures le volume déterminé par sa police, et, pour rendre les abus impossibles, la Ville pourrait exiger l'interposition au bas de la colonne montante d'un compteur qui totaliserait les quantités d'eau qui passeraient pendant la durée de chaque puisage intermittent.

Le compteur placé à l'entrée de la maison, sur la colonne ascendante, permettrait d'évaluer en bloc le cube total consommé dans l'immeuble, et nous croyons qu'il suffirait généralement pour régler les rapports de l'exploitant avec les consommateurs.

Toutefois, chaque propriétaire serait laissé libre de placer un compteur spécial en tête de chaque branchement alimentant un des locataires, de façon à contrôler la quantité d'eau réellement consommée par chacun d'eux et à répartir de façon rigoureusement équitable, la taxe totale dont son immeuble serait grevé.

Quoiqu'il en soit, nous retenons, comme conclusion intéressant seule le fonctionnement du nouveau réseau public, la nécessité d'adopter un mode de livraison intermittent par des branchements qui ne fonctionneraient que pendant la durée des puisages, qui ne débiteraient guère plus du 1/5 de litre et qui seraient munis d'un compteur de volume.

Dans ces conditions, les constatations faites sur de nombreuses distributions de villes démontrent que la consommation d'eau subit des variations diurnes dont l'amplitude atteint 37 0/0 de la moyenne et que les deux tiers de la dépense totale se font en dix heures de jour.

Dès lors, le réseau de distribution serait à tout instant en mesure de suffire à la consommation, s'il était calculé pour distribuer en douze heures le volume total dont la consommation serait prévue pour vingt-quatre heures.

D'autre part, pour que l'eau arrivât certainement avec un débit suffisant aux étages les plus élevés des maisons sans que les propriétaires eussent à subir l'emploi coûteux de tuyaux de gros diamètre et de compteurs de grande dimension, il faudrait que, devant chaque immeuble, dans la conduite publique, au moment du maximum de consommation, la pression fût très sensiblement supérieure à la hauteur de la maison à desservir ; à Marseille, la hauteur maxima des maisons étant de vingt mètres, il conviendrait que la pression dans la conduite publique ne descendît pas au-dessous de vingt-cinq mètres et quand elle pourrait atteindre 45 à 50 mètres, les conditions de fonctionnement de la distribution privée ne seraient que meilleures, car les compteurs de volume ne perdraient rien de leur précision. leurs dimensions pourraient être réduites ainsi que celles du tuyautage intérieur et l'on pourrait recourir avec avantage à l'emploi des réservoirs clos ou « élévateurs ».

Division du réseau de distribution par étages. — Le sol sur lequel est construite la ville de Marseille est extrêmement accidenté et les cotes du terrain naturel au-dessus du niveau des mers moyennes y varient depuis 2 mètres jusqu'à 130 mètres.

Cette circonstance locale suffirait seule à justifier la division par étages du nouveau réseau de distribution ; car, dans un réseau unique, les conduites des parties basses seraient exposées à des pressions trop considérables, et, d'un quartier à l'autre, les conditions de fonctionnement des appareils de distribution seraient tellement différentes que leur réglage serait difficile.

En ontre, il est possible que l'alimentation en eau potable de la nouvelle distribution doive, un jour, être faite par des machines ; il serait alors illogique de s'astreindre à porter à grands frais toute l'eau nécessaire à l'alimentation de la ville, à l'altitude requise pour en bien desservir les points hauts, quand une grande partie de la population habite des quartiers bas, et peut être parfaitement alimentée avec une pression bien moindre ; le service par étages permettrait de réduire considérablement les dépenses d'exploitation, au cas d'une alimentation mécanique, et il est même tels modes d'alimentation, dont l'adoption éventuelle est possible, qu'il faudrait écarter si l'on voulait établir un réseau unique desservant à la fois les quartiers hauts et les quartiers bas.

D'autre part, cette division par étages ne changerait rien au réseau des canalisations secondaires et quant aux conduites maîtresses, leur dédoublement s'impose dans une agglomération importante comme Marseille, car, projetées pour le service de la Ville entière, elles devraient avoir des dimensions considérables qui exigeraient, pour leur construction et leur établissement sous le sol des rues, l'emploi de matériaux et de procédés extrêmement onéreux.

Pour toutes ces raisons, nous croyons qu'il serait nécessaire de diviser le périmètre à desservir en deux zônes à peu près équivalentes comme surface et comme population.

Tracé des canalisations dans chacun des étages. — Deux dispositions différentes peuvent être adoptées pour le tracé des canalisations d'eau : tantôt le réseau est composé d'un tronc commun se divisant en plusieurs branches qui se ramifient à leur tour, les diamètres vont alors en diminuant régulièrement de l'origine aux extrémités, et l'eau circule toujours dans le même sens ; tantôt il est formé de mailles ou circuits fermés, où l'écoulement se produit au contraire dans un sens ou dans l'autre, suivant le cas.

La première de ces dispositions, celle des réseaux ramifiés, actuellement appliquée à Marseille pour la canalisation existante, est aujourd'hui en complète défaveur à cause des inconvénients graves qu'elle présente.

Les interruptions accidentelles de service prennent facilement une certaine gravité, puisqu'il faut arrêter l'eau en amont et en priver, par suite, tout ce qui est en aval pendant la durée de l'opération. D'autre part, les conduites de service se terminent en cul-de-sac, de sorte que l'eau est stagnante vers l'extrémité et les dépôts s'y accumulent, des végétations s'y développent et les mollusques s'y installent. Enfin, chaque tuyau n'étant alimenté qu'à une de ses extrémités débite, à pression et diamètre égaux, évidemment moins d'eau que celui qui la reçoit des deux côtés à la fois.

L'autre disposition consiste à substituer au tronc et aux branches des réseaux ramifiés, des conduites transversales sur lesquelles s'embranchent, par leurs deux extrémités, les conduites de service, de manière que l'ensemble forme un *réseau maillé* dans lequel l'écoulement de l'eau n'a pas de sens déterminé et peut se produire, soit dans l'une, soit dans l'autre direction, suivant les variations de la consommation et les pertes de charge différentes qui en résultent.

La liberté de circulation ainsi donnée à l'eau dans toute l'étendue du réseau a pour conséquences une plus grande élasticité de débit (au moins double de celle d'un réseau ramifié) et une meilleure répartition des pressions au grand profit de l'exploitant et du consommateur ; la sécurité du service est considérablement accrue, puisqu'une conduite qui cesse d'être alimentée d'un côté, par suite d'accident ou de réparation, continue à l'être de l'autre sans difficulté. La stagnation est supprimée et, avec elle, les dangers de dépôts et de végétations.

Ces considérations prises dans leur ensemble, paraissent devoir déterminer l'adoption d'un réseau maillé, pour chacun des étages de la nouvelle canalisation.

Réservoirs. — Quelles que soient la nature et la provenance des eaux potables que l'on se décidera à adopter pour alimenter la nouvelle canalisation, il est certain qu'on les recevra en tête du réseau de chacun des étages avec un débit continu correspoudant à la consommation journalière moyenne. La consommation réelle serait, au contraire, très irrégulière avec le système de livraison intermittente dont l'adoption paraît s'imposer.

Il faudrait donc, nécessairement, régulariser la distribution en créant un approvisionnement au moyen de réservoirs qui emmagasineraient l'eau à mesure qu'elle arriverait de façon continue, et qui la restitueraient au gré des besoins de la consommation.

La réserve totale devrait être, dès le début, au moins égale à la moitié du volume consommé par vingt-quatre heures, de telle façon que l'eau arrivant la nuit s'emmagasinât pour être distribuée pendant le jour.

Les réservoirs auraient, en outre, à jouer un autre rôle non moins essentiel, celui de régulateur de la pression dans les conduites.

Pour remplir utilement ce double office, les réservoirs sont particulièrement bien disposés, quand il en existe deux par réseau : l'un en tête commandant les conduites maîtresses, l'autre au bout de la canalisation sensiblement en contre-bas du premier, mais à une altitude cependant suffisante pour maintenir dans les conduites la pression jugée nécessaire en service ; dans ces conditions, l'eau sortant du premier réservoir va s'emmagasiner en partie dans le second, après avoir traversé tout le réseau, aux heures où la consommation est faible et, quand le service est plus actif, elle en sort suivant une direction inverse de telle sorte que, dans la partie médiane de la distribution, l'eau afflue par les deux côtés à la fois. Si l'on a soin de donner à chacun des réservoirs des capacités sensiblement égales et d'établir les conduites qui les mettent en communication, de telle façon que le réservoir de queue se remplisse pendant la nuit, tout se passera dans la journée, comme si l'on disposait d'une double source d'alimentation ; la capacité de débit du réseau de distribution se trouvera doublée et les pertes de pression seront réduites au minimum.

Cette disposition, de tous points avantageuse, nous paraît devoir être adoptée à Marseille, avec d'autant plus de raison que les circonstances naturelles s'y prêtent admirablement.

Pour chacun des étages, le réservoir de tête pourrait être établi sur les coteaux qui dominent la ville au Nord, depuis Saint-Louis

jusqu'à Sainte-Marthe, et le réservoir de queue sur les hauteurs de Notre-Dame de la Garde.

Bien entendu, les réservoirs devraient être couverts, car l'on ne peut admettre que des eaux pures et salubres destinées à l'alimentation privée séjournent pendant des heures et des jours, exposées à toutes les intempéries et à toutes les souillures.

Nécessité de prévoir l'utilisation éventuelle de diverses provenances d'eaux potables. — Tout en appliquant les principes généraux que nous venons de développer, il serait indispensable que l'on disposât le nouveau système de distribution, de telle façon qu'il fût susceptible d'être alimenté et, chaque fois, dans les meilleures conditions d'économie et de bon fonctionnement avec l'une quelconque des provenances d'eau potable, dont l'utilisation paraît possible : (Eaux de Fontaine l'Evêque, eaux de la Madrague, eaux de Saint-Pons, eaux du canal de la Durance).

De plus, comme les eaux du canal prises dans la branche-mère devront, de toute façon, être utilisées provisoirement dans les débuts, il faudrait s'attacher à réduire au minimum le coût de l'installation que nessitera cette utilisation.

Délimitation du périmètre que desservirait la nouvelle canalisation et répartition en deux étages. — Le périmètre susceptible d'être desservi par la nouvelle canalisation, devrait avoir une superficie de plus de deux mille hectares, de façon à comprendre non seulement les 1360 hectares de l'assainissement, mais aussi tous les faubourgs et toute la banlieue.

Pour parer au plus pressé, on pourrait commencer à ne canaliser que le périmètre de l'assainissement, car c'est là qu'il est essentiel d'apporter, au plus tôt, l'eau nécessaire au fonctionnement du « tout à l'égoût ». Mais les conduites maîtresses et les réservoirs devraient être calculés en vue de la pleine alimentation de tout le périmètre urbain, sur la base de 120 litres par habitant et par jour, en admettant pour la population agglomérée un accroissement éventuel, jusqu'à 550,000 habitants.

En adoptant la courbe de niveau à 30 mètres pour établir la limite de séparation entre les deux étages, on est conduit à la répartition suivante, qui serait très acceptable :

		ÉTAGE INFÉRIEUR	ÉTAGE SUPÉRIEUR
Surface desservie	Dans le périmètre de l'assainissement...	563 hectares.	795 hectares.
	Hors du périmètre de l'assainissement...	399 »	290 »
	Totale	962 hectares.	1.085 hectares.
Population qui pourra être desservie, quand l'agglomération aura atteint son plein développement.	Dans le périmètre de l'assainissement. ..	195.000 habitants.	220.000 habitants.
	Hors du périmètre de l'assainissement...	70.000 »	65.000 »
	Totale.	265.000 habitants.	285.000 habitants.
Cube journalier distribuable en vue duquel devraient être établis les conduites maîtresses et les réservoirs.	....	31.000 mèt. cubes, soit 360 litres de débit continu.	34.000 mèt. cubes, soit 396 litres de débit continu.

Comme les réservoirs de queue ne pourraient être alimentés qu'aux heures pendant lesquelles la consommation en ville serait à peu près nulle, il faudrait, tout d'abord, s'assurer que les conduites réunissant les deux réservoirs d'un même étage pourraient débiter, en dix heures de nuit, la totalité du volume nécessaire au remplissage du réservoir de queue.

On calculerait ensuite le réseau de distribution de chaque étage en prenant, l'une après l'autre, chacune des canalisations depuis les conduites maîtresses (grandes diamétrales et périphériques) jusqu'aux diamétrales secondaires, en attribuant à chacune d'elles la surface et la population qu'elle pourrait être appelée à desservir et en s'assurant que la pression, au-dessus du terrain naturel, ne descendrait jamais au-dessous du minimum de 25 mètres, et atteindrait généralement 40 mètres, alors que le débit correspondrait à la consommation en douze heures du volume total prévu pour vingt-quatre heures.

Ces calculs devraient être faits en appliquant toujours les coefficients des tuyaux depuis longtemps en service.

L'on s'arrêterait dans les calculs lorsque l'on arriverait, pour des conduites secondaires, à des diamètres inférieurs à celui de 0^{m} 08 au-dessous duquel il conviendrait de ne pas descendre.

Toutes les conduites principales seraient branchées entre elles à chacun des points de rencontre ou d'intersection et, sans aller jusqu'à prévoir des robinets-vannes sur chaque conduite à tous les branchements, il conviendrait de les multiplier le plus possible, afin de faciliter les réparations avec les moindres interruptions de service. Les conduites de 0^{m} 08 ne se brancheraient pas entre elles, mais elles seraient, autant que possible, reliées aux deux bouts à des conduites principales, sans que la longueur du tronçon dépassât jamais 150 à 200 mètres.

Les conduites de 0^{m} 35 et au-dessus ne comporteraient pas de prises de maisons : elles feraient simplement le service d'alimentation des conduites secondaires du réseau, et dans les rues où elles seraient placées, il y aurait, en outre, une conduite de 0^{m} 08 pour faire le service des prises particulières.

Dans les rues très larges ou très fréquentées, telles que les rues: Cannebière, Noailles, de la République, Colbert, de Rome, etc., il y aurait lieu de prévoir une canalisation de service sous chacun des trottoirs, de façon à éviter la traversée de la rue pour la prise de chaque immeuble.

Etage inférieur. — L'étage inférieur aurait ses deux réservoirs placés, l'un, à Saint-Joseph avec le radier à la cote 80, l'autre, sous le sommet de Notre-Dame-de-la-Garde avec le radier à la cote 62.70.

Le réservoir de tête serait établi, mi-partie en déblai, mi-partie en élévation, à côté même du puits ouvert par la Société des Charbonnages des Bouches-du-Rhône. Quand l'alimentation aurait atteint son plein développement, il se composerait de quatre compartiments identiques pouvant renfermer chacun 6.250 mètres cubes avec 3^{m} 50 de remplissage ; pour le moment, on ne construirait que deux compartiments, ce qui serait très largement suffisant pendant les premières années.

Chaque compartiment, de forme carrée, serait recouvert en voûtes d'arête avec remblai de terre au-dessus.

Le réservoir de queue serait établi en souterrain dans le massif calcaire de Notre-Dame-de-la-Garde. Quand l'alimentation aurait atteint son plein développement, il se composerait de trois compartiments identiques pouvant renfermer chacun 5000 mètres cubes avec quatre mètres de hauteur d'eau. Pour le moment, on ne construirait que deux compartiments, ce qui serait plus que suffisant dans les débuts.

La grande diamétrale qui réunirait les deux réservoirs de tête et de queue, aurait un diamètre uniforme de 0^{m} 70 sur une longueur de 8500 mètres. Elle serait placée en galerie sur une grande partie de son parcours en utilisant tantôt des égouts existànts, tantôt des canalisations du nouveau réseau en cours de construction.

Indépendamment de cette grande diamétrale, le réseau comporterait plusieurs périphériques et diamétrales secondaires entourant ou traversant tous les quartiers à desservir, depuis le nouvel Abattoir jusqu'à l'Huveaune et à la Capelette.

Etage supérieur. — L'étage supérieur aurait ses deux réservoirs placés, l'un, à Four-de-Buze avec le radier à la cote 130, l'autre, sous le sommet de Notre-Dame-de-la-Garde, avec le radier à la cote 110.

Le réservoir de tête serait identique à celui déjà décrit pour l'étage inférieur, et, ici encore, on ne construirait, pour le moment, que deux compartiments, chacun de 6250 mètres cubes.

Le reservoir de queue serait établi en souterrain dans le massif de Notre-Dame-de-la-Garde ; il ne comporterait, pour le moment, que deux compartiments qui seraient identiques à ceux de l'étage inférieur et qui contiendraient chacun 5000 mètres cubes.

La grande diamétrale qui réunirait les deux réservoirs de tête et de queue serait en tuyaux de 0^{m} 80 sur les 3840 premiers mètres, jusqu'au branchement de la périphérique du Jarret ; en tuyaux de 0^{m} 60, en partie neufs, en partie anciens et utilisés, sur les 2990 mètres suivants, jusqu'à l'intersection du boulevard National ; en tuyaux de 0^{m} 50, partie existants utilisés, partie neufs, sur les 1900 mètres suivants, jusqu'à la place de Rome ; enfin, en tuyaux de 0^{m} 60 neufs sur les 1450 mètres suivants jusqu'au réservoir de queue. Ces variations de diamètre et le tracé en plan, en partie extérieur au périmètre desservi, seraient justifiés par l'avantage qu'il y aurait à utiliser la conduite existante dite de « La Cascade ou des Théâtres » qui pourrait, sans inconvénient, être reprise au réseau des services publics.

Il serait également possible de reprendre diverses autres conduites au réseau des services publics pour les incorporer à la nouvelle canalisation : notamment la conduite de Lodi, depuis le carrefour du Chapitre, diverses doubles canalisations des quartiers de la Plaine Saint-Michel et les trois conduites du tracé rouge.

Ces dernières, notamment, constitueraient à travers la ville de véritables annexes à la grande diamétrale.

Le périmètre de cet étage serait divisé en deux parties bien distinctes par le thalweg de la rue de Rome qui appartiendrait à l'étage inférieur et que les diamétrales du réseau haut ne feraient que traverser sans y faire aucun service.

Dans la zône d'amont, la diamétrale serait flanquée de part et d'autre de deux grandes périphériques dont l'une, la plus importante, serait constamment placée en galerie dans le collecteur du Jarret.

Dans la zône d'aval, autour de Notre-Dame-de-la-Garde, l'on pourrait, pour le moment, n'établir de double canalisation que dans les quartiers véritablement urbains, là, seulement, où les services publics ont déjà atteint une importance suffisante pour exiger une abondante alimentation.

Au dehors, dans les quartiers de banlieue où il n'existe que quelques bouches d'arrosage bien rarement ouvertes, nous croyons qu'il suffirait pendant longtemps de n'avoir qu'une seule canalisation, celle qui existe, de la séparer du réseau de distribution du canal dont elle fait actuellement partie et de l'alimenter avec les eaux pures et salubres de la nouvelle distribution.

Le seul inconvénient serait de perdre un peu de ces eaux, de qualité supérieure, par les quelques orifices publics qu'il faudrait, bien entendu, continuer à desservir, mais le préjudice serait bien minime en l'état actuel et il serait toujours temps de le faire cesser ou de le réduire en branchant sur le réseau des services publics tout orifice de puisage appelé à dépenser beaucoup d'eau.

C'est dans le but de réaliser ce programme, que nous avons donné aux réservoirs de l'étage supérieur des altitudes suffisantes pour que l'on puisse alimenter les réseaux du tracé rouge, d'Endoume rouge, d'Endoume bleu et du Prado bleu avec les nouvelles eaux et dans des conditions de pression et de régularité bien supérieures à celles obtenues aujourd'hui avec le service du canal.

Quant au quartier de Gratte-Semelle, il faudrait continuer à l'alimenter mécaniquement avec l'usine hydraulique qui existe déjà et que la ville va faire améliorer, mais on aurait bien soin de remplacer les eaux du canal quelle refoule actuellement par les eaux de la nouvelle distribution.

Enfin, nous croyons qu'il serait utile de prévoir l'alimentation du nouveau boulevard de Mazargues au moyen d'une canalisation qui serait placée en galerie dans l'émissaire jusqu'à l'Huveaune et qui, au-delà, alors que le terrain s'élève au-dessus de la cote 30,00, sortirait de l'égout pour alimenter une conduite de service de chaque côté du boulevard.

Conditions d'exécution des Travaux. — L'exécution de ces travaux devant exiger au moins deux ans, il serait déjà impossible de les avoir terminés en même temps que ceux de l'assainissement qui, eux, seront achevés dans quinze mois ; il est donc essentiel de ne plus perdre un seul jour, si l'on ne veut pas aggraver la situation fâcheuse qu'ont déjà créée des retards intempestifs.

Il y aurait eu de grands avantages pour la Ville à faire exécuter les travaux de la nouvelle canalisation d'eau en même temps que ceux du réseau d'égouts en cours d'exécution.

L'on eût évité d'ouvrir par deux fois des tranchées dans la même rue, et l'on eût pu, sans dépenses supplémentaires, mettre constamment les deux ouvrages en harmonie.

Aujourd'hui l'on ne pourrait plus bénéficier de ces avantages que dans les rues non encore drainées et dans les autres, il faudra nécessairement bouleverser de nouveau les chaussées et modifier souvent à grands frais les égouts déjà construits pour permettre la pose des nouvelles canalisations d'eau.

Coût probable des travaux. — En établissant la nouvelle canalisation d'après les données générales que nous venons d'exposer, nous croyons que le coût probable des travaux ne dépasserait pas six millions cinq cent mille francs (6.500.000 fr.).

Fonctionnement de la nouvelle canalisation. — En passant sommairement en revue les diverses provenances d'eau potable auxquelles il paraît possible de recourir, nous montreront qu'avec chacune d'elles, la nouvelle canalisation organisée comme nous l'avons indiqué, serait dans les meilleures conditions pour en permettre l'utilisation.

NOTE

Avant de passer à cette seconde partie de notre communication nous croyons utile de dire quelques mots d'un projet déjà ancien, préparé par les services de la ville, pour l'établissement de la nouvelle canalisation.

Ce projet avait été étudié sous la haute direction de M. Hanché, alors directeur du Canal de Marseille, et si son auteur a bien voulu donner la collaboration que vous savez au travail dont nous venons de vous exposer les grandes lignes, c'est qu'il a reconnu lui-même que le projet primitif ne répondait plus à toutes les nécessités du présent et de l'avenir.

Ce projet consistait à établir une nouvelle canalisation d'après le système ramifié, en un seul étage et en vue de la livraison des eaux à la jauge.

Le point de départ du réseau devait être une sorte de cuve de distribution placée à la cote 90 sur les hauteurs du quartier de St-Charles; c'est de là que devaient partir les conduites maîtresses, qui se seraient ensuite ramifiées dans toute la ville, suivant les branchements de diamètre décroissant, établis en cul de sac.

La cuve de distribution elle-même eût été alimentée d'une façon continue au moyen des eaux du canal prises à Four-de-Buze dans la branche mère. La conduite d'adduction aurait été interrompue sur son parcours à la traversée du bassin de Ste-Marthe, que l'on eût utilisé pour en faire un réservoir d'eau potable destiné à commander la nouvelle canalisation.

Les travaux d'aménagement prévus sur ce bassin consistaient simplement à augmenter sa capacité en la portant de 160 à 300.000

mètres cubes et à lui assurer une étanchéité relative qui lui fait actuellement défaut.

A part cela, le réservoir fût resté, comme il l'est aujourd'hui, librement ouvert et exposé à toutes les imtempéries, à toutes les souillures.

Son seul rôle eût été d'améliorer la limpidité des eaux du canal par une décantation supplémentaire et de créer aux portes de Marseille un emmagasinement susceptible de suffire à l'alimentation des services privés pendant quatre ou cinq jours.

La dépense pour l'exécution de ce projet était évaluée à plus de six millions dont 900.000 francs pour les seuls travaux d'aménagement du bassin de Ste-Marthe.

Ce projet, presque aussi coûteux que celui dont nous avons indiqué les grandes lignes, avait les graves inconvénients suivants :

(*a*) Il ne se prêtait pas à l'utilisation de toutes les eaux de source dont l'adduction peut être envisagée comme éventuellement possible.

(*b*) Il ne permettait la livraison des eaux que par le système de la jauge dont nous avons démontré toutes les défectuosités et qui deviendra même inapplicable quand il faudra alimenter la ville avec des eaux dont le débit journalier sera juste proportionné aux besoins réels et qu'il ne sera pas permis de gaspiller.

(*c*) Il ne desservait que mal ou pas du tout les hauts quartiers de la ville et pour la plupart d'entre eux, il ne permettait aucune modification, aucune amélioration au régime d'alimentation absolument défectueux dont ils jouissent aujourd'hui.

(*d*) L'adoption d'un réseau ramifié unique eût présenté tous les inconvénients inhérents à ce système, notamment la difficulté de régler les jauges sous des pressions qui eussent été très inégales tant par le fait des variations de niveau du terrain naturel, qu'à cause des pertes de charge constamment croissantes dans les canalisations ramifiées.

(*e*) Enfin l'adoption d'un réservoir à ciel ouvert pour emmagasiner des eaux potables était d'autant moins recommandable que cet ouvrage devant avoir une grande capacité, eût obligé les eaux à séjourner pendant plusieurs jours au contact des intempéries, exposées à toutes les souillures.

Toutes ces raisons font comprendre comment Monsieur l'ingénieur HANCHÉ a été amené à renoncer au projet primitivement préparé sous sa direction, pour collaborer à l'étude des dispositions nouvelles que nous avons eu l'honneur de vous faire connaître.

Nous avons été d'avis, l'un et l'autre, que le nouveau système proposé pourrait seul résoudre de façon complète le problème de l'amélioration du service de la distribution privée et nous serions heureux d'avoir pu réussir à vous faire partager notre sincère conviction.

CHAPITRE II

Moyen de se procurer les eaux pures et salubres nécessaires à l'alimentation des concessions privées

D'après ce que nous venons de voir, le problème de l'alimentation de la nouvelle canalisation serait pleinement résolu quand on aurait réussi à amener sur les coteaux au Nord-Est de la ville :

D'une part 360 litres de débit continu à la cote 83,50 au-dessus du village de Saint-Joseph, à l'emplacement même où débouche le puits de la Société des charbonnages.

D'autre part 396 litres de débit continu à la cote 133,50 à Four de Buze.

Pendant longtemps 250 litres suffiraient largement à chacun des étages, et c'est seulement lorsque le périmètre desservi, la population agglomérée et les besoins auront atteint le développement prévu qu'il deviendrait nécessaire de réaliser les dotations respectives de 360 et 396 litres.

Quoiqu'il en soit, les caractères essentiels de cette alimentation devraient être, d'une part, *la continuité absolue sans chômage ni arrêt d'aucune sorte,* d'autre part *la pureté et la salubrité des eaux* suffisamment assurées pour donner satisfaction aux règles de l'hygiène.

Utilisation provisoire des eaux du canal de la Durance

Quelle que soit la solution que l'on adopte dans l'avenir, il faudra nécessairement, dans les premières années et pendant un temps plus ou moins long, recourir aux eaux du canal de la Durance.

Ces eaux, prises dans la branche-mère à leur arrivée sur le territoire de Marseille, peuvent être considérées comme très suffisamment salubres.

D'après les analyses bactériologiques faites par M. le professeur Rietsch, elles ne renferment alors qu'un nombre de bactéries généralement inférieur à celui de 300 admis comme maximum pour les eaux potables.

Quand nous parlerons des réparations et des travaux d'aménagement à faire sur le canal de la Durance, nous montrerons qu'il serait possible :

1° De se ménager la libre disposition d'une dérivation supplémentaire de 5 à 600 litres sur la branche-mère, sans modifier sensiblement la dotation des concessions existantes ;

2° D'assurer à cette dérivation nouvelle une absolue continuité même en temps de chômage ;

3° D'améliorer la limpidité des eaux, en leur faisant subir une décantation plus complète qui les débarrasserait des dépôts tenus qui restent aujourd'hui en suspension.

Quant à l'inconvénient qu'ont et qu'auront ces eaux d'être chaudes en été et froides en hiver, il est inhérent à leur circulation en canal découvert sur plus de 80 kilomètres, mais il serait possible de l'atténuer dans une certaine mesure par un séjour de quelque durée dans des réservoirs couverts placés en tête et en queue de chacun des réseaux de la nouvelle distribution.

Pour utiliser les eaux du canal, il suffirait d'établir une prise sur la branche-mère à proximité du réservoir de tête de chaque étage et de la réunir au réservoir correspondant par une conduite d'adduction en fonte.

L'ensemble des installations nécessaires pour les deux étages coûterait tout au plus 200.000 francs et l'exécution pourrait en être faite en moins d'un an.

Les eaux du canal utilisées dans de pareilles conditions différeraient complètement des eaux louches, contaminées et intermittentes qu'amène actuellement la dérivation de Longchamp et nous croyons, partageant sur ce point l'opinion de M. le Dr Mireur, qu'elles constitueraient, pour la consommation privée, une alimentation suffisamment saine et provisoirement acceptable.

Au surplus, si l'utilisation provisoire de ces eaux devait avoir une durée assez longue, il serait possible de rendre parfaites leur limpidité et leur pureté en leur faisant subir, avant de les introduire dans les réservoirs couverts de la distribution, certains traitements dont nous pouvons dire quelques mots :

1° Epuration et filtration des Eaux par le système Howatson. — Le système Howatson consiste à faire passer les eaux à filtrer et à épurer à travers une couche de silex concassé de 0m60 d'épaisseur, et ensuite à travers une seconde couche de 1m75 d'une matière poreuse particulière appelée *polarite*, dont voici la composition chimique :

Oxyde magnétique de fer	Gr.	53.65
Silice.	»	25.50
Chaux.	»	2.01
Alumine.	»	5.68
Magnésie	»	7.55
Carbonates, eau.	»	5.61
Total.	Gr.	100.00

Le passage à travers la première couche de silex suffit à rendre parfaitement limpide l'eau arrivée trouble sur le filtre.

Quant à la couche de polarite, elle a la propriété de brûler, par oxydation, les matières organiques, ainsi que les micro-organismes, de telle sorte que les eaux sortent épurées et riches en oxygène.

Le bon fonctionnement de l'appareil exige le nettoyage quotidien de la couche de silex. On y parvient au moyen d'une disposition spéciale permettant de lancer, de bas en haut, un vif courant d'eau filtrée pendant qu'un agitateur central met en mouvement toute la masse. Le flot qui parcourt ainsi rapidement l'étage supérieur du filtre débarrasse les fragments siliceux de toutes les impuretés qu'ils avaient retenues, ce qui maintient constante la vitesse de la filtration.

Quant à la couche de polarite, il suffit de la revivifier périodiquement, en vidant le filtre et en y faisant circuler un violent courant d'air.

Ce système de filtration et d'épuration est assez répandu en Angleterre où il paraît avoir donné de bons résultats pratiques pour l'alimentation de villes importantes. Il commence à être connu en France où il fonctionne dans quelques installations privées, et où il va être appliqué pour l'alimentation de la ville de Crest, dans la Drôme ; il a été essayé dans des conditions de fonctionnement industriel à Nantes pour filtrer les eaux de la Loire, à Neuilly et à Boulogne pour filtrer les eaux de la Seine ; les résultats des essais ont été satisfaisants, puisque dans les deux cas les eaux du fleuve, puisées troubles et polluées (15 à 24.000 colonies bactériennes par centimètre cube) sont sorties limpides, améliorées au point de vue hydrotimétrique (11° au lieu de 16° pour les eaux de la Seine) et ne contenant plus qu'un nombre très réduit de bactéries (400 à 900 par centimètre cube).

En appliquant ce procédé aux eaux de la branche-mère du canal de Marseille, nous croyons que l'on obtiendrait des eaux très suffisamment pures, puisqu'on les débarrasserait sûrement des légers troubles qui pourraient encore subsister après la décantation dans les divers bassins du canal et que sur les 2 à 300 bactéries par centimètre cube reconnues par M. le professeur Rietsch et par M. le Dr Mireur, les filtres n'en laisseraient guère passer que 20 à 30.

Avec les eaux telles que les fournirait la branche-mère du canal, il serait possible, d'après M. Howatson, de demander, aux filtres de son système, un débit de 50 mètres cubes par mètre carré et par 24 heures ; en ne comptant que sur la moitié, soit 25 mètres cubes par mètre carré, nous voyons qu'il faudrait disposer de 1.600 mètres carrés de filtres pour assurer l'alimentation de Marseille en eau potable avec un débit continu de plus de 500 litres, soit 40.000 mètres par jour, ce qui sera, pendant longtemps, bien plus que suffisant. En comptant sur 2.400 mètres carrés de filtres, soit 1.200 mètres carrés par étage, l'on disposerait donc d'un tiers de rechange, pendant que les deux autres tiers fonctionneraient.

Il serait facile d'organiser une pareille installation pour chacun des étages dans l'intervalle entre la prise sur la branche-mère et les réservoirs de tête de la distribution.

D'après les indications que nous avons pu recueillir, la dépense de premier établissement ne dépasserait sans doute pas 350.000 fr. et le mètre cube d'eau ne serait pas grevé de plus de 0 fr. 01 y compris les frais d'exploitation, d'entretien et d'amortissement du matériel en 15 ans.

Epuration et filtration des Eaux par le système Anderson.— Le système Anderson consiste à faire passer les eaux à filtrer et à épurer dans un cylindre en tôle appelé « révolver » où, grâce à une rotation continue de l'appareil, elles sont brassées avec de la limaille de fer. Un robinet vanne permet de régler la vitesse du courant et partant la durée du contact avec le fer ; cette durée varie avec la nature de l'eau à purifier.

A la sortie du purificateur, l'eau chargée d'une certaine quantité de sel ferreux que l'action de l'air transforme graduellement en sel ferrique insoluble, coule dans un canal à ciel ouvert. Dans certains cas, cet aérage naturel ne suffit pas ; on injecte alors de l'air dans la masse liquide au moyen d'une soufflerie. Avant d'introduire cette eau sur les filtres, on la déverse dans des couloirs et des bassins de décantation où la majeure partie des matières en suspension se précipite. Ainsi préparée, l'eau est admise sur des filtres à sable, d'où elle sort purifiée et filtrée ne contenant plus trace de fer.

Les filtres à sable peuvent n'avoir que 0.40 à 0.50 d'épaisseur et donner aisément 4 mètres cubes par mètre carré en vingt-quatre heures. On doit avoir des compartiments pour la fitration en nombre assez considérable pour qu'il y en ait toujours au moins un en chômage.

Le nettoyage des filtres est facile, de courte durée et économique, car on n'a qu'à enlever, au moyen de râteaux, la couche de sédiments qui s'est formée et la très petite épaisseur de sable qui adhère à cette couche.

Ce système est appliqué depuis plusieurs années à Anvers, à Gouda et à Dordrecht, dont il rend les alimentations très convenables, malgré la très mauvaise qualité des eaux puisées dans les cours d'eau qui traversent ces villes ; des applications importantes sont faites ou vont être faites en France : à Libourne, pour le service de la ville, à Boulogne-sur-Seine, pour l'alimentation de la banlieue de Paris avec des eaux de la Seine, et à Nice, pour l'alimentation du littoral depuis Villefranche jusquà Menton avec les eaux de la Vézubie. Partout les résultats obtenus sont très satisfaisants ; le degré hydrotimétrique n'est pas modifié, les matières organiques sont réduites dans la proportion de 75 à 80 0/0 ; le nombre des bactéries contenues dans un centimètre cube d'eau filtrée ne dépasse pas 100 avec des eaux initiales qui en contenaient 15 à 20.000 ; enfin l'eau est très riche en oxygène, ne contenant pas trace de fer et n'ayant ni saveur, ni odeur spéciales.

Dans le cas qui nous occupe, les installations seraient faciles à créer en tête du réseau de chaque étage, elles seraient intercalées entre la prise sur la branche-mère et les réservoirs et l'on profiterait chaque fois de la chute disponible (au moins 12 mètres à Four-de-Buze et environ 60 mètres à Saint-Joseph) pour actionner, avec les eaux d'alimentation elles-mêmes,un petit moteur hydraulique qui ferait tourner les cylindres épurateurs et marcher les pompes à air ; une partie de la chute serait en outre employée à créer la charge nécessaire pour faire circuler les eaux depuis l'entrée dans les cylindres jusqu'à la sortie des filtres en passant par les canaux et les bassins de décantation.

Les filtres à sable, prévus comme il a été dit plus haut, avec un quart de surface supplémentaire en chômage occuperaient, à chaque étage, une surface de 7.000 mètres carrés pour un débit continu de 250 litres qui, au début, suffirait à l'alimentation de chaque réseau.

La dépense en capital pour l'ensemble des deux installations ne dépasserait sans doute pas 650.000 francs,dont 250.000 francs pour les purificateurs avec leurs accessoires (moteurs hydrauliques, pompes à air, bâtiments, canaux et bassins de décantation, etc.) et 400.000 francs pour les filtres à sable constitués par de simples bassins découverts.

Avec les eaux relativement pures que fournirait la branche-mère du Canal, le prix de l'épuration de 1 mètre cube ne coûterait sans doute pas plus de 0 fr. 01, en y comprenant tous frais de main-d'œuvre, de force motrice, d'entretien et d'amortissement du capital en quinze ans.

En somme, quel que soit le procédé employé, il paraît possible de rendre les eaux du Canal puisées dans la branche-mère très satisfaisantes au point de vue hygiénique en ne dépensant pas plus de 0.01 par mètre cube.

Les deux procédés décrits sont ceux qui semblent avoir donné les résultats pratiques les plus concluants, mais il en existe plusieurs autres que leurs inventeurs préconisent comme excellents et la Ville aurait certainement à les examiner avant de fixer son choix, si elle se décidait à épurer les eaux du canal pendant la période de leur utilisation provisoire.

En résumé, la solution proposée pour l'établissement de la nouvelle canalisation se prêterait aussi parfaitement qu'il est possible à l'utilisation provisoire des eaux du canal de la Durance, avec la faculté de les prendre, soit telles qu'elles seraient dans la branche-mère, soit épurées par un procédé artificiel. Dans la première hypothèse, c'est-à-dire en les prenant à même dans le canal, la valeur du mètre cube rendu dans les réservoirs de tête de la distribution ne serait pas sensiblement supérieure à celle que la Ville pourrait en retirer en le vendant comme eaux continues d'irrigation, soit au maximum 0 fr. 005.

En faisant subir aux eaux une épuration, le prix du mètre cube d'eau emmagasiné serait toujours inférieur à 0 fr. 02.

Eaux de la Madrague.

Les eaux de la Madrague ont été découvertes dans le percement de la galerie souterraine entreprise par la Société de Charbonnages des Bouches-du-Rhône.

M. Oppermann, ingénieur en chef des mines, dans la conférence qu'il a faite récemment à la Société Scientifiue Industrielle, a fait connaître, avec la plus haute compétence et dans les plus grands détails, la nature, la provenance et le régime de ces eaux.

Nous n'insisterons donc pas sur cette question, ne pouvant mieux faire que de renvoyer au texte de la conférence de M. l'ingénieur en chef Oppermann qui vient d'être imprimé dans le *Bulletin* de la Société.

Ces eaux sont, comme M. le professeur Rietsch l'a reconnu par ses savantes analyses, admirablement pures, fraiches et potables.

Venant sourdre aux portes de Marseille, elles pourraient peut-être constituer une ressource précieuse pour l'alimentation de cette ville.

Malheureusement en l'état des travaux qu'exécute la Société de Charbonnages, il ne parait guère possible d'élaborer immédiatement un projet d'utilisation de ces eaux. Leur débit d'étiage, le seul utilisable pour une alimentation permanente, pourra varier de 3 à 700 litres suivant que les travaux des Charbonnages entraîneront un abaissement plus ou moins considérable du plan d'eau dans la nappe aquifère qui remplit actuellement le massif des calcaires fissurés de l'Etoile. Les difficultés de captation seront aussi très différentes suivant les conditions dans lesquelles ces mêmes travaux seront poursuivis.

Quoi qu'il en soit, si l'on utilisait jamais les eaux de la Madrague pour l'alimentation de tout ou partie de la ville, il faudrait les prendre sur le parcours de la galerie des Charbonnages et les élever mécaniquement depuis le niveau d'émergence qu'elles pourront atteindre naturellement jusqu'au niveau des réservoirs qui commanderaient la distribution en ville.

Si l'on adoptait pour la nouvelle canalisation les dispositions que nous avons indiquées, le meilleur mode d'utilisation de ces eaux consisterait à placer l'ensemble des appareils élévatoires ou puits Saint-Joseph, à élever tout le débit capté à la cote (83.50), niveau de remplissage du réservoir de tête de l'étage inférieur et à reprendre tout ce qui excéderait la consommation de cet étage pour le refouler à la cote (133.50) au niveau de remplissage du réservoir de tête de l'étage supérieur.

Les machines et les pompes devraient être placées, *pour la première élévation*, au bas du puits Saint-Joseph qui est profond de 83 mètres et se trouve précisément situé à proximité du point d'émergence des sources à la rencontre des calcaires fissurés, *pour le relais élevatoire de l'étage supérieur*, sur le terrain naturel, à l'orifice des puits.

Les générateurs de vapeur devraient d'ailleurs être tous groupés dans un même bâtiment placé également à proximité de l'orifice du puits et ils seraient alimentés au moyen de la galerie et du puits, soit par des charbons pris sur les quais du port de Marseille et venus de la Madrague, soit par des lignites qui pourraient provenir des Charbonnages quand la galerie sera ouverte jusqu'au bassin houiller de Gardanne.

Les machines du fond seraient groupées en élément identiques susceptibles d'élever chacun 125 à 130 litres par seconde, il en serait de même pour les machines du relais supérieur et dans chacun des groupes l'on s'arrangerait pour avoir toujours un élément en chômage pendant que les autres fonctionneraient de manière continue.

Les générateurs seraient également groupés par éléments tous identiques, susceptibles de desservir indifféremment l'une quelconque des installations élévatoires et l'on s'arrangerait pour avoir toujours un quart des éléments en chômage pendant que les trois autres quarts fonctionneraient de façon continue.

Ces principes une fois posés, nous avons pu nous rendre compte, avec une certaine approximation du prix auquel reviendrait le mètre cube d'eau approvisionné dans les réservoirs de tête de la nouvelle distribution.

Nous avons trouvé qu'il faudrait dépenser environ trois millions (3,000,000 de fr.) pour organiser les installations nécessaires au refoulement de 250 mètres cubes dans les réservoirs de tête de chacun des deux étages.

Le mètre cube emmagasiné dans ces réservoirs reviendrait à environ trois centimes (0 fr. 03) pour l'étage inférieur et cinq centimes et demi (0 fr. 055) pour l'étage supérieur, en tenant compte des dépenses d'exploitation et d'entretien ainsi que des frais d'amortissement en trente ans du capital de premier établissement.

Eaux de Saint-Pons.

Les sources de Saint-Pons viennent sourdre sur les flancs du massif de la Sainte-Baume, dans un petit vallon au-dessus de la commune de Gémenos.

Elles sont échelonnées dans le ravin entre les niveaux 220 mètres et 264 mètres ; et elles ont un débit total qui descend rarement au-dessous de 110 litres, dont au moins 60 pour le débit à l'étiage de la source la plus élevée qui est, en même temps, la plus importante.

Entre les cotes 264 et 180, les eaux ne servent guère qu'à arroser le domaine de Saint-Pons appartenant à M. Richard, et à faire marcher trois usines dont deux dépendant du domaine de Saint-Pons sont peu importantes et ne fonctionnent pas, la troisième appartenant à M. Verlaque est beaucoup plus importante et est utilisée comme papeterie.

Au-dessous de la cote 180, les eaux sont utilisées pour alimenter le village de Gémenos, pour faire fonctionner sept usines, dont quelques-unes assez importantes et enfin pour irriguer plus de cent hectares de prairies entre Gémenos et Aubagne.

Ces sources sont évidemment alimentées par les eaux de pluie emmagasinées dans l'immense éponge que constituent les calcaires fissurés du massif de la Sainte-Baume et des chaînes de montagnes qui s'y rattachent. La surface de cette éponge ne peut être exactement délimitée, mais elle est certainement deux ou trois fois plus grande que celle du massif de l'Etoile, et la même proportion doit naturellement exister entre les quantités d'eau emmagasinées et susceptibles de s'en écouler par débit continu.

D'autre part, il règne tout autour de la Sainte-Baume une ceinture de terrain liasique relativement imperméable qui doit retenir les eaux emmagasinées dans l'éponge calcaire comme le fait autour du massif de l'Etoile, le bourrelet des terrains miocènes de Marseille.

Or, dans le massif de l'Etoile, il a suffi d'ouvrir, à la Madrague, une galerie de recherche à quatre-vingts mètres en contrebas du niveau d'émergence, des déversoirs supérieurs (sources hautes de Fontainieu, Aygalades, Sainte-Marthe, etc.), pour trouver un écoulement continu de 6 à 700 litres.

Par conséquent, bien que la disposition des terrains ne soit pas aussi propice à la Sainte-Baume qu'à l'Etoile, il serait possible qu'en faisant à Gémenos, en contrebas du déversoir haut de Saint-Pons, un travail analogue à celui de la Madrague, on trouvât un débit assez considérable et alors, après avoir fait la part de ce qu'il conviendrait de laisser à la vallée de Gémenos, on pourrait utiliser le surplus pour l'alimentation de Marseille.

Avant d'entreprendre aucune recherche à Gémenos, il conviendrait d'être fixé sur la qualité des eaux de la source de Saint-Pons; des essais récents que nous avons fait faire sur des échantillons pris après les pluies, alors que le débit était très abondant, nous ont révélé une teneur en sels terreux assez élevée, mais cependant acceptable (22° à l'hydrotimètre), mais il nous a été parlé d'une analyse déjà ancienne qui aurait révélé 35° sur un échantillon pris en temps d'étiage ; si ce renseignement était exact, il faudrait renoncer à utiliser des eaux aussi chargées ; il serait donc nécessaire, avant tout, de lever ce doute en faisant des analyses périodiques pendant toute une année.

La galerie de recherche pourrait être ouverte dans la vallée même de Gémenos avec son seuil de départ à la cote 160 et nous pensons qu'elle devrait être dirigée dans la direction du pic de Bretagne. Placée à cette altitude, elle serait assez en contrebas du déversoir haut de Saint-Pons pour que l'on pût espérer obtenir un important accroissement de débit et assez haut cependant pour que les eaux recueillies puissent être amenées par la pente naturelle dans le réservoir de tête de l'étage supérieur de la nouvelle canalisation, soit à la cote (133,50) à Four de Buze.

Avant d'entreprendre les travaux de recherche, il faudrait arriver à une entente conditionnelle avec la commune de Gémenos et les quelques particuliers qui possèdent le vallon de Saint-Pons et les terrains attenant de part et d'autre.

Nous croyons que ce serait chose possible, mais il faudrait sans doute que la Ville consentît à indemniser assez largement en cas de succès les propriétaires du sous-sol drainé et les usiniers lésés par le tarissement éventuel des sources hautes.

La galerie de recherche devrait être poursuivie jusqu'à ce que l'on eût atteint la masse fissurée des calcaires jurassiques de la Sainte-Baume et qu'on y eût rencontré assez de fissures aquifères pour constituer un débit suffisant. Il faudrait peut-être pénétrer jusqu'à quatre kilomètres et la dépense pourrait alors s'élever à 4 ou 500.000 francs.

Quand on aurait terminé la galerie de recherche, on devrait observer, pendant au moins un an, son débit d'étiage et c'est seulement alors que l'on pourrait entreprendre les travaux destinés à conduire à Marseille dans les réservoirs de tête de la double canalisation, les excédents d'eau qui resteraient disponibles après le prélèvement de 110 litres pour la vallée de Gémenos.

En prenant les eaux à la sortie de la galerie à la cote (160) il serait possible de les amener, par la pente naturelle, à la cote (133 50), dans le réservoir de l'étage supérieur à Four de Buze, par une canalisation d'adduction qui aurait tout au plus 36 kilomètres de longueur.

D'après l'évaluation approximative qu'il nous a été possible de faire, nous croyons que le captage de ces eaux et leur adduction à Marseille pourraient exiger une dépense d'environ quatre millions et demi (4.500.000 fr.)

Les travaux de recherche figureraient dans ce total pour au moins cinq cent mille francs et, en cas d'insuccès, la plus grande partie de cette somme risquerait d'être perdue sans aucun profit.

Si, tout en laissant à la vallée de Gémenos les 110 litres qu'elle utilise, l'on reconnaissait qu'il fût possible d'amener cinq cents litres à Marseille, c'est-à-dire d'alimenter la ville entière, le mètre cube emmagasiné dans les réservoirs de tête de la nouvelle canalisationreviendrait à moins de deux centimes (0 fr. 02) en comprenant tous frais d'exploitation, d'entretien et d'amortissement du capital en cinquante ans

Si l'on ne trouvait que 250 à 300 litres de débit supplémentaires disponibles, on les emploierait à l'alimentation du réseau de l'étage supérieur et le prix de revient du mètre cube emmagasiné dans les réservoirs projetés à Four de Buze atteindrait trois centimes et demi (0 fr. 035). Dans cette seconde hypothèse, on alimenterait l'étage inférieur avec les eaux de la Madrague élevées mécaniquement, qui d'après ce que nous avons déjà vu ne coûteraient pas plus de 0 fr. 03, on aurait donc une solution mixte (Madrague Saint-Pons) avec laquelle le mètre cube emmagasiné dans les réservoirs de l'un et l'autre étage coûterait en moyenne moins de trois centimes et demi (0 fr. 035).

Eaux de Fontaine-l'Evêque

Considérations générales. — La source de Fontaine-l'Evêque ou rivière de Sorps est située dans le département du Var, sur la rive gauche du Verdon, à environ 11 kilomètres en amont de la prise du canal du Verdon.

Les eaux émergent dans la propriété de M. de Gassier, à trois cents mètres de la berge du Verdon, à 11m,50 au dessus des eaux de la rivière à l'étiage et à l'altitude de 396 mètres 50 au dessus du zéro du nivellement général de la France.

Le débit de la source parait ne pas descendre au-dessous de 4 mètres cubes par seconde et il dépasse souvent huit mètres cubes ; elle est sans doute alimentée par les eaux de pluie qui s'infiltrent et s'emmagasinent dans l'immense éponge constituée par le massif de calcaire fissuré du Plan-de-Canjuers.

Les eaux sont toujours limpides, fraiches (température de 12° sensiblement constante), ne contenant qu'un nombre insignifiant de colonies microbiennes, dont aucune pathogène, légèrement calcaires sans être trop chargées (degré hydrotimétrique 13° 8), en un mot, admirablement potables.

Nécessité d'assurer le maintien du débit d'étiage actuel dans le Verdon. — Cette source constitue une des principales alimentations du Verdon ; à l'étiage, la rivière ne débite guère que 8 mètres cubes dont 4 lui sont fournis par Fontaine-l'Evêque. Le régime hydraulique du cours d'eau serait donc profondément modifié, si on lui enlevait tout ou partie du débit de cette importante source et, comme les concessions actuellement consenties en aval sur le Verdon et sur la Durance dépassent en tant que dotations réglementaires et utilisent effectivement la totalité du débit d'étiage, il nous paraît qu'il serait difficile, sinon impossible, d'obtenir des pouvoirs compétents l'autorisation de dériver tout ou partie des eaux de Fontaine-l'Evêque, sans avoir démontré au préalable que l'on pourrait assurer le maintien du régime actuel du Verdon par l'établissement de réservoirs en montagne, qui en temps d'étiage rendraient à la rivière la quantité d'eau qu'on lui aurait enlevée en détournant une partie de ses sources naturelles.

Le lac d'Allos, situé dans la haute vallée, constituerait un merveilleux réservoir si l'on parvenait à étancher la digue naturelle qui le ferme à l'aval ; l'on pourrait alors faire regonfler les eaux jusqu'au niveau de la crête de la digue et constituer ainsi une réserve dont il serait possible, avec quelques travaux de déviation qui doubleraient le bassin versant actuel, d'assurer un et même plusieurs remplissages annuels et avec laquelle on restituerait au Verdon, en période d'étiage, les eaux qu'aurait pu lui enlever la dérivation de Fontaine-l'Evêque.

La solution du problème serait d'ailleurs définitive, car l'on n'aurait pas à craindre l'envasement du réservoir, étant donné que le lac d'Allos ne reçoit que les eaux limpides des hauts sommets sans aucun apport de matières solides.

Les travaux de vidange et d'étanchement qu'il faudrait entreprendre présentent des aléas, mais il ne paraît pas cependant que l'on puisse avoir à redouter des difficultés insurmontables ni même des dépenses très élevées.

A défaut du lac d'Allos, l'on pourrait chercher à établir des réservoirs artificiels dans les vallées du Verdon ou de ses affluents, en barrant des gorges étroites sur de grandes hauteurs.

Pour éviter leur colmatage rapide par les sables, les graviers et les blocs que charrient les rivières torrentielles, il faudrait établir ces réservoirs dans le haut des vallées, en ayant soin, toutefois, de s'assurer que le bassin versant de chacun d'eux pourrait suffire à le remplir une ou plusieurs fois par an. Au besoin, on chercherait à augmenter la superficie des bassins naturels insuffisants par des déviations artificielles de cours d'eau voisins.

Quand on aurait démontré qu'il serait possible d'assurer ainsi la permanence du débit d'étiage du Verdon, il nous paraît que rien ne pourrait plus s'opposer à la dérivation de tout ou partie des eaux de Fontaine-l'Evêque et l'accord se ferait aisément entre la ville de Marseille, la ville d'Aix, les usagers de la Durance et les communes du département du Var, dont les intérêts paraissent être aujourd'hui en complète opposition.

Quant à la question d'acquisition de la source, il serait toujours possible de la solutionner, le jour où l'on aurait obtenu des pouvoirs compétents les autorisations administratives ou législatives nécessaires pour en dériver les eaux et les conduire aux lieux de consommation ; il suffirait alors d'indemniser amiablement ou par voie d'expropriation le ou les propriétaires des terrains dans lesquels les eaux émergent ou peuvent être captées ; le même moyen d'indemnisation permettrait de constituer, s'il était besoin, un périmètre de protection, de façon à rendre impossible toute tentative qui pourrait être faite en vue de détourner les eaux.

Adduction des eaux de Fontaine-l'Evêque au bassin partiteur qui desservirait à la fois le département du Var et le département des Bouches-du-Rhône. — Les eaux de Fontaine-l'Evêque, prises à la cote (396.50) pourraient être conduites au moyen d'un aqueduc fermé, à pente continue d'au moins un millimètre par mètre, dans un bassin partiteur qui serait établi entre les villages d'Ollières et de Saint-Maximin et qui aurait un radier à une cote variant entre 332 et 337, suivant le point d'établissement de l'ouvrage.

La longueur de l'aqueduc serait tout au plus de 64 kilomètres et il suffirait qu'il eût une section ovoïde de $2^{m}50$ de hauteur sous clef et $1^{m}60$ de largeur aux naissances pour qu'il fût capable de débiter quatre mètres cubes.

Cet aqueduc comporterait deux grands souterrains, l'un de cinq kilomètres à l'origine pour traverser un contrefort de la vallée du Verdon, l'autre de 7 à 8 kilomètres entre Montmeyan et Tavernes, pour passer de la vallée du Verdon dans celle de l'Argens.

Le creusement de ces souterrains dans le calcaire exigerait tout au plus six ans, en admettant même qu'il fallût, à cause des difficultés d'épuisement, ne recouvrir que fort peu ou même renoncer à l'ouverture de puits intermédiaires.

Quant aux autres ouvrages, il en serait certains d'assez coûteux et assez difficiles, tels que l'établissement du canal en encorbellement sur quatre kilomètres dans les gorges abruptes du Verdon, la traversée de thalwegs secondaires au moyen de ponts aqueducs, etc. ; mais tous pourraient être menés à bien pendant que l'on exécuterait les grands travaux souterrains.

Le bassin partiteur qui terminerait le canal d'adduction alimenterait :

D'une part, la branche du Var qui emmènerait 2,000 à 2,500 litres pour irriguer et alimenter en eau potable de nombreuses communes de ce département jusqu'à Toulon, Hyères et La Seyne ;

D'autre part, la branche des Bouches-du-Rhône qui emmènerait 1,000 à 1,200 litres pour alimenter Marseille en eau potable et desservir, s'il était besoin, diverses autres communes sur le parcours.

Branche du canal de Fontaine-l'Evêque desservant le départment des Bouches-du-Rhône. — Cette branche des Bouches-du-Rhône pourrait aboutir à Marseille par deux tracés différents, dont les longueurs sensiblement équivalentes varieraient de 58 à 62 kilomètres.

Le premier tracé partant de Saint-Maximin, remonterait le ravin du Cauron, passerait de la vallée de l'Argens dans celle de l'Huveaune, par un tunnel de 5 à 6 kilomètres sous le col de Nans, déboucherait au-dessous du village de Saint-Zacharie et descendrait la vallée de l'Huveaune à flanc de coteau le long des massifs montagneux de Regagnas et de l'Etoile ; partie de Saint-Maximin à la cote 332, la branche arriverait sur les hauteurs de Sainte-Marthe et de Saint-Joseph à une altitude comprise entre 140 et 150, c'est-à-dire plus haut qu'il ne faudrait pour alimenter les deux réservoirs de la nouvelle canalisation.

La pente moyenne dépasserait deux millimètres et demi (2^{mm} 5) par mètre, de telle sorte, qu'un tuyau de un mètre de diamètre en sidero-ciment suffirait largement pour débiter plus de 1,200 litres.

Le second tracé partirait d'Ollières à la cote 337, passerait de la vallée de l'Argens dans celle de l'Arc par un tunnel de 5 à 6 kilomètres, se développerait à flanc de coteau le long des massifs montagneux des monts Aurelières, de Regagnas et de l'Etoile et finalement viendrait par Septèmes, déboucher au-dessus de Saint-Joseph et de Sainte-Marthe à la cote 253,00.

Ce tracé devrait être maintenu constamment beaucoup plus haut que le premier, pour éviter d'avoir à passer en souterrain sous le col de Septèmes entre Gardanne et Saint-Antoine ; comme la longueur serait sensiblement la même, la pente moyenne serait plus faible, tout au plus 1^{mm} 5 par mètre et l'aqueduc d'adduction devrait par suite avoir de plus grandes dimensions.

En revanche, ce tracé aurait l'avantage de permettre de desservir au passage les villes d'Aix et de Gardanne.

Coût et durée probable des travaux. — Les études et les négociations qui devraient nécessairement précéder la mise en train des travaux d'adduction de Fontaine-l'Evêque nous paraissent devoir exiger au minimum deux années.

Quand les projets auraient été arrêtés, quand l'entente aurait été réalisée entre les divers intéressés et quand enfin toutes les autorisations administratives et législatives auraient été obtenues, il faudrait au moins cinq à six ans pour exécuter, en les menant tous de front simultanément, les travaux considérables que comporte l'ensemble de cette œuvre (réservoir en montagne, canal d'adduction au bassin partiteur, branche du Var, branche des Bouches-du-Rhône).

Par conséquent, quel que puisse être l'avenir réservé aux eaux de Fontaine-l'Evêque, il nous paraît qu'il est impossible d'en escompter avant sept ou huit ans d'ici l'utilisation pour l'alimentation de Marseille ; encore est-ce peut-être là un délai bien court pour une entreprise aussi vaste !

L'évaluation approximative du coût des travaux est assez difficile à faire, car il est de nombreux éléments de dépenses sur l'importance desquels l'on ne peut pas être fixé aujourd'hui, notamment :

(*a*) Les réservoirs en montagne qui pourraient coûter 4 à 500,000 francs, si l'on parvenait à utiliser le lac d'Allos ou 4 à 5 millions, s'il fallait construire des barrages artificiels.

(*b*) L'acquisition des sources et des terrains du périmètre de protection, dont le prix dépendrait des exigences des propriétaires ou des décisions d'un jury d'expropriation.

(*c*) Les grands souterrains qui présenteraient de grands aléas de constructions.

Toutefois, d'après les renseignements que nous avons pu recueillir et les estimations sommaires que nous avons pu faire, nous croyons que les évaluations suivantes ne seraient sans doute pas dépassées:

Réservoir en montagne	4.000.000
Acquisition de la source et du périmètre de protection	1.000.000
Canal d'adduction jusqu'au bassin partiteur, y compris l'acquisition des terrains d'emprise	9.000.000
Total pour l'adduction des eaux jusqu'au bassin partiteur	14.000.000
Branche des Bouches-du-Rhône dans l'hypothèse du tracé le plus coûteux qui paraît devoir être celui par la vallée de l'Arc	4.000.000

La ville de Marseille aurait tout au plus à prendre en charge la moitié de la dépense pour l'adduction des eaux au bassin partiteur et la dépense totale pour la branche des Bouches-du-Rhône, soit comme total maximum à sa charge :

$$\frac{14.000.000}{2} + 4.000.000 = 11.000.000$$

Comme les travaux dureraient au moins six ans, il faudrait majorer cette dépense des pertes d'intérêt et des frais généraux pendant ce laps de temps, soit au moins 2,500,000 fr.

De telle sorte que l'adoption des eaux de Fontaine-l'Evêque pour l'alimentation de la distribution privée nécessiterait pour Marseille une dépense de premier établissement qui ne dépasserait sans doute pas 13 millions et demi (13,500,000 fr.).

Évaluation du prix du mètre cube emmagasiné. — L'amortissement, pour le premier établissement en cinquante ans, exigerait une annuité de 600 à 650,000 francs.

Pour les frais annuels d'exploitation et d'entretien des ouvrages, il paraît probable que la part incombant à Marseille atteindrait tout au plus 50,000 francs.

Soit au total une charge annuelle qui, d'après ce que l'on peut prévoir en l'état actuel de la question, s'élèverait tout au plus à 700,000 francs. Dans ces conditions le prix du mètre cube rendu dans les réservoirs de la distribution, ressortirait à 0 fr. 055, tant qu'on ne trouverait à placer que 4 à 500 litres de débit continu ; mais il descendrait à 0 fr. 04 et au-dessous dès que les ventes d'eau dans la Ville, dans la banlieue ou dans les communes rencontrées sur le parcours se développeraient jusqu'à complète utilisation des 1200 litres disponibles.

RÉCAPITULATION

Pour les diverses provenances d'eau potable que nous venons de passer en revue, le prix de revient paraît devoir être le suivant pour le mètre cube emmagasiné dans les réservoirs de tête de la nouvelle canalisation :

1° Eaux du Canal prises à même dans la branche-mère	F. 0,005
2° Eaux du Canal épurées	» 0,02
3° Eaux de la Madrague (étage inférieur) .	» 0,03
4° Eaux de la Madrague (étage supérieur) .	» 0,055
5° Eaux de Saint-Pons dans le cas où l'on trouverait l'eau nécessaire à l'alimentation de la Ville entière	» 0,015 à 0,02
6° Eaux de Saint-Pons-Madrague, solution mixte consistant à alimenter l'étage supérieur avec les eaux de Saint-Pons et l'étage inférieur avec les eaux de la Madrague	» 0,03
7° Eaux de Fontaine-l'Evêque	» 0,055 à 0,04

CONCLUSION

La conclusion qui ressort de cette étude sommaire, c'est la *nécessité absolue* de commencer par alimenter la nouvelle canalisation des services privés avec les eaux du canal prises directement dans la branche-mère et au besoin épurées artificiellement.

La question d'alimentation étant ainsi résolue de façon très satisfaisante à titre provisoire, on pourrait alors étudier la question des eaux de source.

On observerait ce que va devenir le régime des eaux de la Madrague et on ne se déciderait à les abandonner ou à les utiliser qu'après avoir acquis sur leur débit, sur le moyen de les capter et sur la permanence de leur pureté, des notions exactes qui font défaut actuellement et qu'il est matériellement impossible d'acquérir en quelques jours.

On étudierait à fond la question des eaux de Saint-Pons ou de la Sainte-Baume, sans trop se laisser influencer par le fait d'une teneur excessive en sels calcaires constatée dans les eaux de la vallée de Gémenos, car l'expérience vient de démontrer que dans un même massif calcaire, celui de l'Etoile, les sources hautes de la Rose ont un degré hydrotimétrique beaucoup plus élevé que les sources basses du tunnel de la Madrague. Avant de rejeter une solution qui peut présenter un très réel intérêt, il conviendrait de l'examiner sous ses divers points de vue avec tous le temps et tous les soins que cette étude exige.

Enfin, on laisserait s'achever, en y contribuant au besoin, les études entreprises par le service hydraulique du département du Var sur la question fort complexe et encore insuffisamment élucidée des eaux à dériver de la vallée du Verdon ; on engagerait des négociations en vue d'une entente éventuelle avec les communes et le département du Var d'une part, avec la ville d'Aix et les usagers actuels du Verdon d'autre part.

C'est seulement après l'achèvement de tout ce travail préparatoire que l'on pourrait acquérir sur la possibilité technique, administrative et financière d'utiliser les eaux de Fontaine-l'Evêque, des éléments d'appréciation qui aujourd'hui manquent absolument.

En résumé, pour étudier comme il convient et résoudre, s'il est possible, la question de l'alimentation de Marseille en eaux de source, il faut obtenir un répit de quelques années pendant lesquelles l'utilisation des eaux du canal est la seule ressource à laquelle il serait possible de recourir pour alimenter la nouvelle canalisation des services privés dont la construction immédiate est indispensable.

CHAPITRE III

Travaux de Réparation et d'Aménagement à exécuter sur le Canal de la Durance.

D'après ce que nous venons de voir, il faudrait, quelle que puisse être la solution qui interviendra pour l'alimentation en eaux de source, que, dans les débuts et pendant plusieurs années peut-être, le canal de la Durance pût, à lui seul, suffire :

1° *A fournir*, pendant toute la durée des chômages, la quantité minima de 80.000 mètres cubes, qui sera indispensable au fonctionnement de l'ensemble des services d'eau de la ville ;

2° *A fournir*, de façon continue, 5 à 600 litres d'eau pour l'alimentation de la canalisation des services privés, sans que l'on fût obligé de rien prélever ni sur les concessions existantes, ni sur la dotation de la distribution actuelle, car, après l'achèvement des travaux d'assainissement, celle-ci suffira à peine au fonctionnement des services publics auxquels le réseau existant sera exclusivement affecté. Il faudrait donc que ces 50.000 litres fussent prélevés sur des ressources supplémentaires que l'on se procurerait, en sus de celles déjà utilisées aujourd'hui.

Il serait en outre convenable, sinon nécessaire, que les eaux destinées à l'alimentation privée fussent plus pures et surtout plus limpides que ne sont actuellement les eaux du Canal, même dans la branche-mère.

La réalisation de ce programme est possible, si l'on se décide enfin à entreprendre, sur le canal de la Durance, les travaux de réparation et d'aménagement que nous allons passer en revue et dont la plupart sont de première nécessité :

A. — Prises en Durance.

Le Canal est pourvu de deux prises en Durance : l'une en amont, l'autre en aval du pont de Pertuis.

Celle d'aval qui est désignée sous le nom de *Prise ancienne*, date de la construction du Canal.

L'autre a été construite en 1865 et est désignée sous le nom de *Nouvelle prise*.

Au droit de l'ancienne prise, en aval de son ouverture, existe un radier général en maçonnerie tenant toute la largeur de la Durance. Ce radier a été construit pour maintenir le plan d'eau de la rivière à un certain niveau afin de faciliter l'introduction des eaux dans la prise. Il a été réparé solidement en 1882 sur 50 mètres environ de longueur à partir de la rive gauche ; mais, malheureusement, il est encore en mauvais état au-delà et il conviendrait d'y faire les réparations nécessaires le plus tôt possible, si l'on ne veut pas être exposé à voir l'alimentation du canal compromise et même arrêtée par des déplacements du lit de la Durance en temps d'étiage.

La dépense probable que cette réparation occasionnerait s'élèverait à 100.000 francs environ.

B. — **Branche-mère.**

La branche-mère du Canal a une longueur d'environ 92 kilomètres depuis la prise en Durance jusqu'à l'ouvrage partiteur d'où part la dérivation de Longchamp qui alimente la Ville. Elle a été construite pour débiter tout au plus 10 mètres cubes jusqu'à son entrée dans le territoire de Marseille ; mais, depuis quelques années, les besoins se sont tellement développés, que, pendant la saison des arrosages, il est nécessaire de prendre en Durance plus de 13 mètres cubes, bien que la concession de la Ville de Marseille ne soit que de 9 mètres cubes.

Cette alimentation excessive est une cause de détérioration continuelle et une menace de danger permanent pour un Canal qui, sur les 71 premiers kilomètres (de la prise à Réaltort), est souvent construit à flanc de coteau avec une cuvette incomplètement et imparfaitement revêtue.

Les anciens revêtements se sont presque partout disloqués sous l'action simultanée du tassement des remblais, des gelées et des charges d'eau excessives.

Ce surcroît de charge d'eau menace sans cesse de faire rompre les berges dans les parties en remblai qui ne sont pas en bon état.

Les pertes par infiltration dépassent 2.500 litres au moment de la pleine alimentation, de telle sorte que sur les 13.000 litres dérivés l'on n'en utilise guère que 10.000.

Ce résultat est d'autant plus fâcheux que la Ville de Marseille est constamment sous la menace d'une règlementation des prises en Durance et si pareille mesure administrative venait à l'obliger un jour ou l'autre à cesser ou, tout au moins, à restreindre ses usurpations, il faudrait qu'elle devînt meilleure ménagère des eaux dérivées pour continuer à satisfaire les besoins qu'elle a laissé se créer; c'est notamment dans la réduction de ces pertes que la Ville doit chercher les cinq à six cents litres supplémentaires que va nécessiter l'alimentation provisoire de sa distribution privée.

En l'état de la branche-mère, le service du Canal ne parvient qu'à grand peine par le seul entretien courant à assurer le fonctionnement et à éviter les accidents graves. Pendant les deux périodes de chômage de 15 jours chacune, l'on exécute, en toute hâte, les réparations les plus urgentes; dans les passages les plus dangereux, on refait à neuf quelques tronçons de cuvette maçonnée; mais, là où le danger de ruine n'est pas imminent, on se contente de travaux d'entretien provisoires. L'on dépense ainsi, sur la seule branche-mère, plus de quarante mille francs par an en travaux provisoires qui n'ont d'autre résultat que de permettre le fonctionnement pendant l'année, mais qui ne contribuent ni à restaurer les ouvrages, ni même à en arrêter la détérioration; malgré ces dépenses et les efforts du personnel, le Canal perd souvent comme un vrai filtre quand on le remet en service et, pour obtenir un étanchement relatif des parois, il faut, pendant plusieurs jours, faire circuler des eaux limoneuses que l'on ne laisse pas se décanter dans les réservoirs de Poinserot et de Saint-Christophe et que l'on fait déposer tout le long du Canal; cette pratique, actuellement indispensable, a l'inconvénient de hâter l'envasement des bassins de Réaltort et de Sainte-Marthe et d'altérer périodiquement la pureté des eaux qui alimentent la Ville.

Ces expédients ne tarderont d'ailleurs pas à devenir insuffisants pour assurer un fonctionnement, même précaire et, si l'on ne se décidait pas à exécuter sur la branche-mère les travaux d'aménagement et de grosse réparation trop longtemps différés, il faudrait s'attendre à des accidents qui pourraient interrompre pendant de longs jours l'alimentation de Marseille et en compromettre gravement les intérêts hygiéniques et industriels.

La mise en état de la branche-mère exigerait :

(A) **Entre la prise et Réaltort.** — 1° La consolidation de la cuvette par la substitution de murettes verticales aux revêtements inclinés dans presque toutes les parties en remblai ;

2° La réfection complète des anciens revêtements partout où ils n'ont pas été déjà restaurés, c'est-à-dire sur près de trente kilomètres ;

Si on exécute les nouveaux revêtements en maçonnerie, il faudra leur donner une épaisseur minima de 0.35 et souvent de 0.40 ; mais il y aura peut-être, dans certains points, économie de temps et d'argent, en même temps que garantie plus grande de solidité, à employer des revêtements en sidéro-ciment ;

3° Exhaussement des berges, ainsi qu'on l'a déjà fait sur une grande longueur, partout où l'on ne dispose pas d'une revanche minima de 0.30 avec le plan d'eau au moment des arrosages (débit à la prise supérieur à 13.000 litres).

(B) **Entre Réaltort et la dérivation de Longchamp.** — 1° Mise en état du souterrain de Notre-Dame, qui laisse à désirer sur une partie de sa longueur, par la réfection partielle des piédroits et du radier en maçonnerie ;

5° Modification de quelques ouvrages d'art, consolidation du revêtement de la cuvette et exhaussement des berges en divers points des vingt derniers kilomètres aval de la branche-mère.

La dépense totale qu'exigerait la mise en état de la branche-mère, atteindra au moins. . . . . **2.700.000** francs.

C. — Dérivation de Longchamp

La dérivation de Longchamp, dont la longueur n'est que de 5.600 mètres environ est en meilleur état que la branche-mère ; néanmoins les pertes par infiltration y sont importantes, et, pour les faire cesser, il conviendrait de consolider la cuvette dans quelques parties en remblai et de restaurer en divers points les revêtements.

Dépense probable. . . . . 40.000 francs.

D. — RÉSERVOIRS

Le Canal de Marseille possède plusieurs bassins destinés les uns à la décantation des eaux, les autres à leur emmagasinement, certains d'entr'eux étant susceptibles de remplir à la fois les deux fonctions.

Réservoirs de Poinserot et de Saint-Christophe. — Les réservoirs de Poinserot et de Saint-Christophe, situés en tête de la branche-mère, le premier à 12 kilomètres, le second à 14 kilomètres, sont exclusivement des bassins de décantation. Placés à proximité des berges de la Durance, ils sont admirablement organisés pour retenir les dépôts et pour les rejeter périodiquement dans la rivière dont les eaux torrentielles ont bientôt fait de les balayer.

Le bassin de Poinserot, dont la capacité n'est que de 120.000 mètres cubes, ne permet aux eaux qu'un séjour de trois heures au plus quand le débit de la prise dépasse 10 mètres cubes. La décantation y est donc forcément très incomplète; mais ce bassin n'en retient pas moins les 15 à 20 0/0 du cube total des limons charriés, soit environ 60.000 mètres cubes de dépôts que l'on rejette à la Durance par des nettoyages bi-annuels.

Le bassin de Saint-Christophe, dont la capacité totale est de 2.000.000 de mètres cubes permet aux eaux un séjour de 40 à 50 heures quand le débit de prise dépasse 10 mètres cubes ; c'est encore insuffisant pour que la clarification soit complète, et il est fâcheux que la capacité de cet ouvrage ne soit pas d'un tiers plus grande. Mais, pour être imparfaite, son action n'en est pas moins considérable ; il retient plus de 80 0/0 des dépôts échappés à Poinserot et, en définitive, quand les eaux sortent de Saint-Christophe pour aller à Marseille, elles ne contiennent plus que des troubles légers représentant à peine les 15 à 16 0/0 du volume total fourni par la Durance. Le dévasage du bassin de Saint-Christophe se fait une fois par an, vers octobre et novembre, à la fin des arrosages ; il suffit d'une vingtaine de jours pour opérer un nettoyage parfait avec 4 à 5.000 litres d'eau continue, 50 à 60 hommes et 6 à 7.000 francs de dépense. A chaque nettoyage, on jette en Durance 2 à 300.000 mètres cubes de dépôts.

En résumé, les deux bassins de décantation fonctionnent aussi parfaitement qu'il est possible et les 15 à 16 0/0 de dépôts qu'ils laissent échapper, soit environ 50 à 60.000 mètres cubes par an, cesseraient d'être une gêne pour l'alimentation de Marseille quand on aurait remis en état de fonctionnement les ouvrages d'aval.

Bassins de la Garenne et de Valloubier. — Les bassins de la Garenne et de Valloubier sont deux petits réservoirs qui communiquent ensemble par un souterrain et qui sont situés à mi-chemin entre Roquefavour et Réaltort a environ 67 kilomètres de la prise.

Ces deux bassins réunis ont une capacité totale de 600.000 mètres cubes au plus. Ils ont eu vite fait de se remplir de vase pendant leur fonctionnement antérieur à la création de Saint-Christophe et, à l'heure actuelle, ils sont complètement abandonnés. Le plus petit, celui de Valloubier (36.000 mètres cubes), a bien été dévasé, mais celui de la Garenne (564.000 mètres cubes) est transformé en prairie et nous ne croyons pas qu'il y ait lieu d'en étudier le dévasage, car les circonstances locales seraient très défavorables à l'exécution de ce travail, les dépenses seraient très fortes et le résultat à peu près nul, étant donné qu'avec leur faible capacité, ces ouvrages seraient sans effet pour clarifier des eaux ne tenant plus en suspension que des dépôts très légers. En outre, malgré leur proximité de Marseille, ils n'auraient pas d'importance comme réservoirs d'emmagasinement, car le cube utilisable n'atteindrait pas 100.000 mètres cubes,

Nous sommes donc d'avis qu'il conviendrait d'abandonner purement et simplement les réservoirs de Valloubier et de la Garenne.

Bassin de Réaltort. — Le bassin de Réaltort, situé à 71 kilomètres de la prise et à 21 kilomètres du départ de la dérivation de Longchamp, est un ouvrage admirablement situé et convenablement conçu pour le service à la fois de *décanteur* apte à achever la clarification des eaux et de *réservoir* destiné à régulariser le fonctionnement du réseau de distribution et à assurer, en temps de chômage, l'alimentation de Marseille.

La capacité totale de ce réservoir étant de plus de 4.000.000 de mètres cubes, il pourrait permettre aux eaux (même avec un débit de 12 à 14 mètres cubes) un séjour de près de 100 heures, pendant lequel tous les dépôts ténus échappés à Saint-Christophe auraient tout le temps de se précipiter, de telle sorte qu'à la sortie de ce bassin les eaux couleraient absolument limpides.

D'autre part, quand le bassin est plein, le plan d'eau est de 2 mètres 72 au-dessus du seuil des prises de rentrée du Canal et comme la surface moyenne de cette tranche supérieure est d'environ 608.000 mètres carrés, on pourrait trouver là plus de 1.600.000 mètres cubes d'eau emmagasinés, susceptibles d'être repris par le canal et d'être utilisés en temps de chômage pour l'alimentation de Marseille.

Cette réserve utilisable pourrait être considérablement augmentée en élevant mécaniquement, pour en alimenter le Canal, les eaux contenues dans la tranche de trois mètres en contre-bas du seuil des prises, soit plus d'un million de mètres cubes. Il suffirait, pour réaliser cette élévation mécanique sans frais appréciables, de disposer dans le ravin de la Mérindole, au pied du barrage haut de dix-huit mètres, des turbines que l'on ferait marcher sous une chute constante de *dix* à *douze* mètres avec de l'eau motrice empruntée au réservoir ; ces turbines actionneraient des pompes centrifuges qui élèveraient les eaux d'alimentation de 1 à 4 mètres de hauteur et l'on voit que, grâce à la grande différence entre la chute motrice et la hauteur utile d'alimentation, il suffirait d'un débit de 150 à 400 litres par seconde, pour élever plus d'un mètre cube dans le Canal.

L'on pourrait donc trouver dans le bassin de Réaltort plus de 2.600.000 mètres cubes susceptibles d'être utilisés pour l'alimentation de Marseille en temps de chômage.

Ce double office de décanteur final et de réservoir d'approvisionnement pour lequel il est si bien disposé, le bassin de Réaltort est malheureusement hors d'état de le remplir actuellement, parce qu'il est à peu près comblé par les amas de dépôts que le Canal y a accumulés jusqu'en 1884, date à laquelle le bassin de Saint-Christophe a été mis en service.

L'on peut évaluer à 3.000.000 de mètres cubes les dépôts qui encombrent le réservoir et qui, dans certains points, affleurent à la surface en y formant des îlots marécageux. Dans ces conditions, les eaux ne peuvent se clarifier faute d'une capacité effective suffisante, et, bien au contraire, elles sont souvent infectées par les vases superficielles que le moindre vent agite. Quant à la réserve utilisable en temps de chômage, elle est réduite tout au plus à 600.000 mètres cubes, et ces eaux ont bien souvent une telle odeur de vase marécageuse qu'elles sont impropres à la consommation.

Avant la construction du bassin décanteur de Saint-Christophe, la mise en état de Réaltort avait été maintes fois étudiée ; mais la question était alors fort complexe, car il s'agissait non seulement d'évacuer les dépôts anciens, mais encore d'organiser un système de nettoyage périodique qui aurait dû permettre l'évacuation annuelle de 3 à 400.000 mètres cubes. Un pareil problème était bien difficilement soluble dans la situation où se trouve le bassin de Réaltort qui n'a d'autre exutoire naturel d'évacuation que le ravin de la Mérindole et, à sa suite, le lit fort peu torrentueux de l'Arc.

Mais depuis 1884, époque à laquelle Saint-Christophe a commencé à fonctionner dans les conditions très satisfaisantes que nous avons fait connaitre, la situation est devenue tout autre. Quand on aurait une bonne fois débarrassé Réaltort des 3.000.000 de mètres cubes qui l'encombrent, il ne recevrait plus annuellement que 50 à 60.000 mètres cubes de dépôts, et il serait alors relativement aisé de les évacuer par des nettoyages périodiques.

En 1887, le service du Canal a fait un essai d'enlèvement des dépôts accumulés. On a profité de la période hivernale pendant laquelle il est possible d'emprunter un débit de 3 à 4.000 litres à la branche-mère, sans gêner le fonctionnement du service de distribution. Après avoir vidangé le réservoir par les bondes de fond, on a attaqué les dépôts en les ameublissant à la surface et en les faisant corroder par les eaux convenablement dirigées. Les vases étaient entraînées par les eaux dans le ravin de la Mérindole et dans le lit de l'Arc qui débouche dans l'étang de Berre.

En tenant compte des pertes de temps occasionnées par les

fortes gelées et par les oppositions de certains riverains de l'Arc, on n'a consacré à cet essai de dévasement qu'un mois au plus de travail effectif, de décembre 1887 à mars 1888, et l'on a pu évacuer 250.000 mètres cubes de vase en dépensant 2.000 francs de main-d'œuvre et 18.000 francs d'indemnités et réparations diverses accordées aux riverains de l'Arc.

Cette expérience a démontré la possibilité de nettoyer le bassin de Réaltort, et nous croyons savoir que le service du Canal évaluait, approximativement, à trois ans, c'est-à-dire à trois périodes hivernales, la durée nécessaire à l'enlèvement des 3 millions de mètres cubes de dépôts accumulés et à 100.000 francs la dépense nécessaire, dont 50.000 francs en main-d'œuvre et travaux divers et 50 000 francs en indemnités aux riverains de l'Arc.

Ces évaluations étaient, peut-être, un peu trop optimistes ; il faudrait, sans doute, avant d'entreprendre le dévasement, exécuter divers travaux destinés à faciliter l'opération, tels que l'amélioration des bondes de fond actuellement trop étroites, et la création d'un aqueduc de ceinture sur une certaine longueur de la rive gauche ; la dépense, de ce chef, pourrait s'élever à 150.000 fr.

L'opération proprement dite du dévasement coûterait plus cher que n'a paru l'indiquer l'essai fait en 1887, parce que les difficultés augmenteraient en s'éloignant du barrage, et il serait prudent de compter sur une dépense de 150.000 francs ; enfin, l'évacuation des 3 millions de mètres cubes de dépôts ne se ferait pas sans causer quelques préjudices à certains usiniers riverains de l'Arc, et, pour éviter des procés coûteux, il vaudrait mieux prendre des mesures de précaution et payer largement des indemnités préalables ; il faudrait prévoir de ce chef une dépense de 100 à 150.000 francs.

Il serait, en outre, nécessaire d'exécuter dans le bassin divers travaux d'aménagement et de réparation notamment :

1° L'étanchement des principales fissures, afin de diminuer les pertes par infiltration qui dépassent actuellement 250 litres par seconde. Dépense possible. . . . . F. 50.000

2° La création d'un système d'introduction des eaux dans le bassin et de reprise par le canal, disposé de telle façon que les eaux fussent obligées de circuler effectivement dans toute la capacité du réservoir et d'y séjourner assez longtemps, avec une vitesse suffisamment faible, pour s'y décanter complètement. Dépense probable 100.000

3° Enfin, l'installation de l'usine élévatoire hydraulique, destinée à permettre l'alimentation du Canal avec les eaux prises en contre-bas du seuil des martelières de rentrée. Dépense probable. 100.000

En résumé, la mise en état du bassin de Réaltort pourrait exiger une dépense maxima de 700.000 francs ainsi répartie :

1° Travaux d'aménagement en vue de faciliter le curage du réservoir (agrandissement des bondes de fond et canal de ceinture). Dépense probable	F. 150.000
2° Opération du dévasage. Dépense maxima .	150.000
3° indemnités aux riverains de l'Arc. Dépense maxima.	150.000
4° Travaux d'étanchement. Dépense possible .	50.000
5° Organisation des canaux d'introduction et des prises de rentrée. Dépense maxima.	100.000
6° Usine élévatoire hydraulique. Dépense probable	100.000
TOTAL	F. **700.000**

Quand le bassin aurait été mis en état, son entretien annuel n'exigerait plus que l'enlèvement de 50 à 60.000 mètres cubes de dépôts, et ce nettoyage, exécuté méthodiquement pendant la période des basses eaux, pourrait se faire aisément sans soulever de réclamations de la part des riverains de l'Arc.

Bassin de Sainte-Marthe. — Le bassin de Sainte-Marthe est situé sur le parcours de la dérivation de Longchamp à 4.000 mètres du Château-d'Eau. Il est capable de contenir 160.000 mètres cubes d'eau que la bonde de fond permet de jeter intégralement dans la dérivation de Longchamp.

Jusqu'en 1862, cet ouvrage était employé à décanter les eaux d'alimentation de la Ville, et on le nettoyait périodiquement en jetant les vases dans le ruisseau de Malpassé.

Mais les plaintes des riverains obligèrent le service du Canal à ne pas continuer cette pratique et le bassin, abandonné à lui-même, fut bien vite rempli et tsranformé en prairie.

En 1884, on le creusa en enlevant à la pelle et à la pioche plus de 90.000 mètres cubes de déblais. Depuis lors, il a cessé de servir au décantage des eaux et il n'est plus utilisé que comme réservoir en temps de chômage. Dans ces temps derniers, le service du Canal avait projeté d'en doubler la capacité en approfondissant le radier de un mètre et en élevant le plan d'eau de deux : à cet effet, il fallait refaire à peu près complètement les digues et exécuter sur le fond des travaux importants d'étanchement ; la dépense prévue n'était pas moindre de 900.000 francs.

Le bassin, ainsi modifié, devait achever la clarification des eaux destinées à l'alimentation privée et constituer une précieuse réserve en tête du réseau spécial qui aurait été créé pour ce service. La dépense était, malheureusement, fort élevée et si, par la mise en état du bassin de Réaltort, on réalisait, à la fois, la décantation complète des eaux et l'emmagasinement de plus de 2.600.000 mètres cubes utilisables, il deviendrait, croyons-nous, superflu d'employer 900.000 francs pour le seul profit d'augmenter de 150.000 mètres cubes la réserve disponible. Il suffirait d'exécuter sur cet ouvrage quelques travaux de restauration pouvant coûter 50.000 francs au plus et, tout en lui conservant sa capacité actuelle de 160.000 mètres cubes, on le ferait fonctionner très utilement comme réservoir d'emmagasinement pour l'alimentation des services publics pendant les chômages.

Reservoirs de Longchamp.— Les réservoirs de Longchamp sont des bassins couverts, à deux étages de voûtes, situés sous le plateau du Château-d'Eau. Ils ont une capacité totale de 40.000 mètres cubes et leur radier inférieur est à l'altitude de 68.25. Ils avaient été construits par l'Ingénieur de Montricher pour filtrer les eaux destinées à l'alimentation de Marseille ; le filtre est divisé en deux compartiments présentant chacun une superficie de 4.500 mètres carrés. L'eau du Canal arrivait à l'étage supérieur dont le radier était recouvert d'une couche filtrante et elle tombait, clarifiée, dans l'étage supérieur d'où elle partait pour alimenter le réseau de distribution. Cet ouvrage eût pu suffire pour clarifier, tant bien que mal, un débit de 2 à 300 litres; mais il est devenu inutilisable dès que le débit nécessaire à l'alimentation de la Ville a dépassé 500 litres. Abandonné comme filtre, il a servi quelque temps comme réservoir régulateur commandant le réseau de distribution, mais la nécessité d'augmenter la pression dans ce réseau a conduit à en transporter les prises à l'extrémité de l'aqueduc du Canal, en un point où le plan d'eau est à la cote moyenne de 74.00, c'est-à-dire à six mètres plus haut que le radier inférieur des filtres. Aujourd'hui ces bassins ne servent plus qu'à emmagasiner une réserve d'eau dont on se sert en temps de chômage.

Comme ils peuvent contenir 40.000 mètres cubes d'eau, ils constituent une réserve encore précieuse, mais c'est à cela qu'il faut limiter le rôle définitif de ces ouvrages, car ils sont placés trop bas pour qu'il soit possible de les utiliser à nouveau comme filtres pour tout ou partie des eaux destinées à l'alimentation privée.

Réservoirs à l'intérieur de la Ville. — Il existe deux autres réservoirs en ville :

Le premier situé sous la Colline Pierre-Puget avec son radier à l'altitude de 49.81 reçoit les eaux de l'aqueduc de Longchamp par une conduite spéciale de 0.50 de diamètre qui fait service en route et commande lui-même toute la partie du réseau de distribution qui dessert le boulevard de la Corderie et les Catalans. Cet ouvrage joue un rôle important comme régulateur d'une partie de la distribution actuelle, et, en outre, il peut constituer en temps de chômage une réserve encore appréciable de 15.000 mètres cubes.

Le second situé sur la butte des Moulins, dans le quartier de l'Hôtel-Dieu, avec son radier à la cote de 35.59, recevait, autrefois, les eaux de l'aqueduc de Longchamp par la conduite dite des Moulins, mais il a été abandonné à cause de sa trop faible altitude qui ne lui permet pas d'entretenir dans le réseau de distribution existant une pression suffisante pour les besoins actuels du service. Il pourrait être avantageusement utilisé comme réservoir d'emmagasinement, car sa capacité de 8.000 mètres cubes constituerait une réserve encore appréciable en temps de chômage et les eaux qui en proviendraient auraient une pression suffisante pour desservir dans les bas quartiers de la Ville, les bouches des rues et les prises des réservoirs de chasse. Avant de remettre ce réservoir en service, il serait nécessaire de le rendre étanche au moyen de revêtements partiels et d'un enduit général au mortier de ciment.

Dépense probable.............................. F. 20.000

RÉCAPITULATION

En résumé, pour assurer d'une manière suffisante l'alimentation continue de la distribution privée et des services publics de la Ville de Marseille, il faudrait prendre les dispositions suivantes en ce qui concerne le canal de la Durance :

1° Restaurer le radier général en travers du lit de la Durance au droit de l'ancienne prise. Dépense probable....................	F.	100.000
2° Restaurer la branche-mère du canal depuis la Durance jusqu'au branchement de la dérivation de Lonchamp. Dépense minima probable..............................		2.700.000
3° Restaurer la dérivation de Lonchamp. Dépense probable........................		40.000
4° Aménager et dévaser le bassin de Réaltort..		700.000
5° Réparer le bassin de Sainte-Marthe sans en modifier la capacité actuelle. Dépense probable..............................		50.000
6° Réparer le réservoir de la butte des Moulins. Dépense probable......................		20.000
TOTAL............		3.610.000
Somme à valoir pour indemnités diverses et travaux imprévus......................		390.000
TOTAL GÉNÉRAL........	F.	**4.000.000**

L'exécution de l'ensemble de ces travaux exigerait une durée de quatre à cinq ans.

Au début, l'on commencerait les travaux de restauration de la branche-mère en profitant des deux chômages annuels de quinze jours chacun.

Dès la première saison d'hiver, on entreprendrait la mise en état du bassin de Réaltort et, à la fin de la période hivernale, alors qu'on aurait déjà pu créer, par un dévasage et un aménagement partiels, les moyens d'alimenter les services urbains pendant trente jours consécutifs, on inaugurerait des chômages de trente jours chacun pendant lesquels les travaux de restauration pourraient être poussés très activement sur le canal d'adduction.

Cette prolongation des chômages obligerait peut-être la Ville à payer quelques indemnités aux usiniers concessionnaires de force motrice ; mais, comme il s'agirait là d'un cas de force majeure, le tarif d'indemnité de 0 fr. 75 par cheval et par jour prévu dans le règlement du canal, pourrait être appliqué et l'indemnité journalière pour la partie arrêtée des 2.000 chevaux concédés atteindrait au plus un millier de francs.

Fonctionnement du Canal après l'achèvement des réparations et des travaux d'aménagement.— Après l'achèvement des réparations et des travaux d'aménagement que nous venons d'énumérer, l'on aurait réussi, sinon à supprimer les chômages, tout au moins à assurer de façon *absolument continue* l'alimentation suffisante de la distribution privée et des services publics.

D'une part, chacune des deux périodes de chômage pourrait être réduite à huit jours au plus, puisque le canal d'adduction serait en parfait état sur tout son parcours et qu'il ne s'agirait que de le visiter et d'y exécuter des travaux d'entretien courant.

D'autre part, quand la branche-mère serait en chômage, depuis la Durance jusqu'à Réaltort, l'on disposerait pour alimenter la Ville, de quantités d'eau considérable ci-dessous énumérés :

Bassin de Réaltort................	2.600.000	mètres cubes
Biefs du canal depuis Réaltort jusqu'à Four-de-Buze, au moins....	100.000	»
Bassin de Sainte-Marthe	160.000	»
Bassin de Lonchamp	40.000	»
Bassin de la colline Pierre-Puget..	15.000	»
Bassin des Moulins	8.000	»
TOTAL	2.923.000	mètres cubes

L'alimentation de la Ville devant être, comme nous l'avons vu, très suffisamment desservie par un volume journalier de 80.000 mètres cubes, les ressources disponibles permettraient donc d'assurer le service pendant près de trente jours, en admettant même un important déchet par l'évaporation, les fuites et les infiltrations.

CONCLUSION

La mise en état du canal de Marseille devrait être entreprise sans nouveaux retards, quelle que puisse être d'ailleurs la solution qui interviendrait pour l'alimentation en eau potable.

Il faut, en effet, à tout prix, écarter le danger d'accidents graves qui, à l'heure actuelle, menacent constamment la Ville et le territoire d'une longue privation des eaux.

Il faut diminuer sinon supprimer les déperditions excessives qui se produisent sur le parcours de la branche-mère, afin de pouvoir demander au canal les 5 à 600 litres de débit supplémentaire que va nécessiter, tout au moins de façon provisoire, l'alimentation de la double canalisation. Sans cette économie sur les déperditions, il serait en effet impossible de trouver dans le canal ces ressources supplémentaires, car, à l'heure actuelle, pendant les périodes d'arrosage, il fonctionne à pleins bords dans divers endroits, entre la prise et Réaltort, et il prend, en Durance, beaucoup plus que ne le comporte la dotation règlementaire de la Ville de Marseille.

Il faut réduire au minimum les périodes de chômage et assurer pendant leur durée l'alimentation indispensable au fonctionnement du « Tout à l'égout. »

Enfin, il est utile d'améliorer la pureté et la limpidité des eaux du Canal, afin de les rendre acceptables pour l'alimentation privée jusqu'au jour plus ou moins prochain où on pourra leur substituer des eaux de source.

La dépense à faire (**4.000.000 fr.**) serait plus que justifiée par les résultats à obtenir et d'ailleurs elle serait bien loin de constituer une charge entièrement nouvelle, car avec le Canal mis en état les frais d'entretien seraient considérablement réduits et l'économie annuelle représenterait l'intérêt et l'amortissement d'une importante partie des capitaux employés.

CHAPITRE IV

CONSIDÉRATIONS FINANCIÈRES

(A) Travaux essentiels dont l'exécution immédiate s'impose

Les travaux qu'il serait indispensable d'exécuter pour assurer le fonctionnement de l'assainissement comprennent :

1° La mise en état du Canal de Marseille dans les conditions ci-dessus définies (voir Chapitre III). Dépense probable............................	Fr.	4.000.000
2° L'établissement d'une canalisation spéciale pour l'alimentation des services privés dans les conditions ci-dessus définies (voir Chapitre II). Dépense qu'il serait probablement nécessaire d'engager immédiatement.....................		6.500.000
3° L'établissement des prises et des canalisations nécessaires pour alimenter, tout au moins provisoirement, les deux réseaux de la nouvelle canalisation avec les eaux du Canal de Marseille, prises à même dans la branche-mère en amont de Four-de-Buze. Dépense probable.....		200.000
Soit au total, pour les travaux que nous croyons immédiatement nécessaires, une dépense probable de dix millions sept cent mille francs...	Fr.	10.700.000

Ces travaux dureraient au moins deux ans pour ce qui concerne la nouvelle canalisation et son alimentation par le Canal, et cinq ans pour ce qui concerne la mise en état du Canal ; il faudrait donc compter environ 1.300.000 fr. pour les frais généraux et les intérêts d'attente des capitaux dépensés.

Ce qui porterait en définitive le capital employé en fin de travaux à la somme de.............. Fr. 12.000.000

Dont l'amortissement en cinq années exigerait une annuité d'environ.................... Fr. 580.000

Entretien et exploitation de la nouvelle canalisation.— L'entretien et l'exploitation de la nouvelle canalisation coûteraient sans doute une centaine de mille francs par an, si nous en jugeons d'après ce qui se passe à Marseille pour le réseau existant et dans de nombreuses villes pour des installations similaires.

Il ne faudrait pas espérer trouver la compensation de cette dépense nouvelle dans les économies que l'on réaliserait sur l'exploitation de la canalisation existante, par le fait qu'on lui enlèverait l'alimentation des quinze mille concessions privées qu'elle dessert actuellement. Il y aurait certainement une réduction sensible de ce chef, mais il vaut mieux n'en pas tenir compte.

En revanche, la mise en état de la branche-mère du Canal de la Durance et de ses réservoirs permettrait probablement de supprimer une centaine de mille francs par an sur le budget d'entretien de ces ouvrages.

Finalement, il y aurait compensation et il paraît probable que les dépenses annuelles d'exploitation et d'entretien des services d'eau resteraient ce qu'elles sont aujourd'hui, sans accroissement ni réduction.

Revenus bruts que la Ville retire actuellement de la vente des eaux du Canal aux particuliers.— Dans l'ensemble du périmètre prévu comme devant être, tôt ou tard, desservi par la nouvelle canalisation, le canal de la Durance alimente actuellement environ 17.000 concessions privées dont le revenu brut annuel est près d'atteindre 780.000 francs.

Sur ce nombre il y a environ 650 concessions industrielles qui rapportent, à elles seules, 152.000 francs et pour la plupart desquelles la provenance des eaux consommées est tout à fait indifférente ; il n'y aurait donc aucun inconvénient à les laisser, en majeure partie, branchées comme aujourd'hui sur le réseau des services publics et on peut admettre que la bonne moitié des revenus actuels, soit 80.000 francs, continueraient à figurer comme actif dans le compte d'exploitation de l'ancien réseau.

Quant aux autres concessions, soit environ 16.000, elles devraient, tôt ou tard, être enlevées à l'ancien réseau pour être branchées sur le nouveau. Par suite, lorsque leur revenu brut annuel de 700.000 francs aurait cessé de figurer à l'actif du compte d'exploitation de l'ancien réseau, il y aurait de ce fait, dans le budget municipal, une moins-value annuelle dont il faudrait retrouver la compensation dans les revenus de la nouvelle canalisation.

En résumé, pour que la Ville pût amortir les dépenses de premier établissement des travaux essentiels qu'elle aurait à exécuter, pour qu'elle fût en mesure d'exploiter et d'entretenir l'ensemble de ses services d'alimentation et pour qu'enfin elle n'eût à subir aucun déficit dans ses recettes, il faudrait qu'elle trouvât dans les revenus de la nouvelle canalisation de quoi compenser :

1°	*Fr. 580.000...*	*pour les frais d'amortissement des dépenses de premier établissement.*
2°	*Néant .....*	*pour les frais supplémentaires d'exploitation et d'entretien.*
3°	*Fr. 700.000...*	*pour remplacer les moins-values de recettes qui, progressivement, se produiraient dans le compte d'exploitation du réseau existant.*
SOIT AU TOTAL...	*Fr. 1.280.000...*	*à demander comme recettes brutes à l'exploitation de la nouvelle canalisation.*

(B) **Travaux au compte des particuliers que la Ville aurait à faire exécuter comme conséquence de l'établissement de la nouvelle canalisation.**

Dès que la nouvelle canalisation aurait été mise en service, il faudrait, pour rendre applicable l'arrêté sur l'assainissement des maisons, faire brancher sur les conduites tous les immeubles qui existent dans le périmètre de l'assainissement, soit plus de 30.000.

Sur ce nombre, il en existe environ 15.000 qui sont actuellement desservis par l'ancien réseau et pour lesquels le travail que la Ville aurait à faire exécuter consisterait simplement dans le déplacement des prises et dans la modification du robinet de jauge qui deviendrait un simple robinet d'arrêt susceptible de laisser passer 1/5 à 1/4 de litre. Tout cela pourrait coûter une dizaine de francs par prise, soit au total 150.000 francs pour l'ensemble des concessions qui existent dans le périmètre de l'assainissement.

Quant aux maisons non encore pourvues d'eau, il faudrait organiser de toutes pièces leur alimentation et le travail que la Ville aurait à faire, au compte des propriétaires, comprendrait : la prise sur la conduite publique, la fourniture et la pose jusqu'au mur de façade d'un branchemsnt en tuyaux de plomb de 0 m 02 à 0 m. 03 de diamètre intérieur, enfin la fourniture et la pose d'un robinet d'arrêt accessible aux agents de l'administration. L'ensemble de ces travaux pourrait coûter en moyenne 50 francs par immeuble, soit au total une dépense maxima de 900.000 francs pour les 15 à 18.000 maisons non encore alimentées.

En définitive, les travaux que la Ville aurait à faire exécuter sur les voies publiques, pour le compte des particuliers, exigeraient la mise en œuvre d'un capital d'environ 1.200.000 francs ainsi décomposé :

Prises existantes à modifier 15.000 à 10 fr.....	Fr.	150.000
Prises nouvelles à organiser 18.000 à 50 fr.....		900.000
Somme à valoir pour travaux imprévus, frais généraux et intérêts moratoires..................		150.000
Total.......	Fr.	1.200.000

Pour faire face à cette dépense, la Ville n'aurait qu'à continuer l'application du système actuellement en vigueur pour les concessions d'eau du Canal ; elle percevrait une taxe de premier établissement dont nous examinerons plus loin les bases de quotité et les conditions de perception.

(c) **Charges supplémentaires que la Ville aurait à supporter et revenus supplémentaires qu'elle devrait se procurer pour y faire face, quand elle voudrait aux eaux naturelles du Canal substituer des eaux épurées ou des eaux de sources.**

Filtration et épuration des eaux du Canal par le procédé Howatson. — La dépense de premier établissement et les frais annuels d'exploitation seraient, dans une certaine mesure, proportionnels au cube à épurer journalièrement. Dans les premières années, un cube journalier de 35 à 40.000 mètres cubes serait plus que suffisant pour desservir la population actuellement agglomérée.

Dès lors, l'installation des filtres nécessaires coûterait au plus 400.000 francs. Comme elle ne serait sans doute que provisoire, il conviendrait d'en amortir la dépense en peu d'années (15 ou 20 par exemple) et l'on devrait compter pour ce service une annuité de 40.000 francs.

L'exploitation coûterait tout au plus 0 fr. 01 par mètre cube, soit au maximum 140.000 francs par an pour les 35 à 40.000 mètres cubes nécessaires journalièrement.

L'épuration des eaux du Canal par le système Howatson imposerait donc à la Ville un supplément de charges annuelles d'environ 140.000 + 40.000 = 180.000 francs. De telle sorte que, si on se résolvait à l'appliquer, il faudrait demander à la nouvelle canalisation comme revenus bruts annuels, non plus seulement 1.280.000 francs, mais bien 1.280.000 + 180.000 = 1.460.000 fr.

Filtration et épuration des eaux du Canal par le procédé Anderson. — Même observation que ci-dessus au point de vue de la proportionnalité des dépenses au cube total épuré journalièrement et nécessité aussi d'un amortissement rapide des dépenses de premier établissement pour le cas où l'adoption du procédé ne serait que provisoire.

Cube journalier qu'il suffirait d'épurer dans la première année : 35 à 40.000 mètres cubes.

Dépense maxima de premier établissement.......	Fr.	650.000
Annuité d'amortissement (15 à 20 ans)...........		65.000
Frais annuels d'exploitation moins de 0,01 par mètre cube, soit au maximum................		140.000

L'épuration par le procédé Anderson des eaux du Canal pour les besoins de l'alimentation privée imposerait donc à la Ville un supplément de charges annuelles d'environ :

65.000 + 140.000 = 205.000 francs

de telle sorte que son application exigerait que les revenus bruts annuels de la nouvelle canalisation fussent portés de 1.280.000 fr. à 1.280.000 + 205.000 = 1.485.000 francs.

Substitution des eaux de la Madrague aux eaux du Canal. — Ici encore il y aurait une certaine proportionnalité entre la dépense et le cube d'eau à fournir journalièrement.

Si nous nous reportons aux évaluations que nous avons faites à ce sujet, nous voyons qu'en tenant compte de l'amortissement des dépenses de premier établissement en cinquante ans et de tous frais d'entretien et d'exploitation des usines élévatoires, le mètre cube livré dans les réservoirs de la double canalisation reviendrait à 0 fr. 03 pour l'étage inférieur et à 0 fr. 055 pour l'étage supérieur.

Par conséquent, dans les débuts, pour une consommation journalière de 35 à 40.000 mètres cubes soit 18 à 20.000 mètres cubes par étage, cela représenterait comme charges annuelles supplémentaires :

Pour l'étage inférieur..............	F.	210.000
Pour l'étage supérieur..............		390.000
Au total..............	F.	600.000

De telle sorte que, pour substituer les eaux de la Madrague à celles de la branche-mère du Canal, il faudrait demander à la nouvelle canalisation comme revenus bruts annuels, non plus 1.280.000 mais 1.280.000 + 600.000 = 1.880.000 francs.

Substitution des eaux de Fontaine-l'Évêque aux eaux de la branche-mére du Canal. — L'adduction de 1.000 à 1.200 litres d'eau de Fontaine-l'Évêque dans les réservoirs de la nouvelle canalisation coûterait, d'après ce que nous avons vu précédement, 13 à 14 millions, en admettant que l'on pût réaliser la combinaison éminemment avantageuse d'une entente avec le département du Var.

L'amortissement en cinquante ans de cette dépense de premier établissement exigerait une annuité d'environ 650.000 francs, à laquelle il faudrait ajouter 50.000 francs par an pour l'entretien et l'exploitation du canal d'adduction.

Soit donc une charge supplémentaire totale de 700.000 francs, ce qui porterait de 1.280.000 francs à 1.980.000 francs le montant des revenus bruts qu'il faudrait demander à la double canalisation.

(D) Moyen de réaliser les revenus bruts annuels qu'il serait nécessaire de demander à la nouvelle canalisation.

Pour être certain de réaliser, dès les débuts, le montant intégral des revenus bruts ci-dessus évalués comme nécessaires, il faudrait ne faire fonds que sur la consommation qui correspondrait aux besoins des immeubles existant dans le périmètre assaini. Quant aux accroissements de la consommation, au dedans comme au dehors de ce périmètre, ils ne devraient être escomptés que comme des sources éventuelles de bénéfices réalisables ultérieurement.

En l'état actuel, il parait n'exister dans le périmètre de l'assainissement, qu'environ 30.000 maisons et une population agglomérée inférieure à 300.000 habitants, ce qui représente une population moyenne de moins de 10 habitants par immeuble.

Si l'on décidait d'octroyer à chaque habitant un volume journalier de 80 à 100 litres, la consommation, dans les débuts, n'atteindrait donc pas 30.000 mètres cubes et, si l'on adoptait le parti de vendre l'eau au mètre cube, le prix moyen devrait être le suivant dans les diverses hypothèses :

PROVENANCE DES EAUX	PRIX du Mètre Cube	CONSOMMATION MINIMA PROBABLE		REVENUS dont la réalisation serait probable	REVENUS dont la réalisation serait nécessaire (V. Supra p. 63 et suivantes).
		Journalière	Annuelle		
	Francs.	Mètres cubes.	Mètres cubes.	Mètres cubes.	Francs.
Eau du Canal prise à même dans la branche-mère	0.15	25.000	9.000.000	1.350.000	1.280.000
Eau du Canal prise dans la branche-mère et épurée par le procédé Howatson...........	0.18	25.000	9.000.000	1 620.000	1.460.000
Eau du Canal prise dans la branche-mère et épurée par le procédé Anderson...........	0.18	25.000	9.000.000	1.620.000	1.485.000
Eau de Fontaine-l'Evêque (dans l'hypothèse d'une entente avec le département du Var).	0.24	25.000	9.000.000	2.160.000	1.980.000
Eau de la Madrague...	0.23	25.000	9.000.000	2.070.000	1.880.000

L'on reconnaîtra que ces prix n'auraient rien d'excessif si l'on se rend compte qu'à l'heure actuelle, avec le tarif en vigueur et dans les conditions que chacun sait, l'eau du canal est vendue à un prix qui dépasse 0.10 pour les concessions de 0 module 10 et au-dessous.

Ce système de vente au mètre cube, très séduisant de prime abord, aurait le grave inconvénient de pousser les usagers à économiser l'eau, ce qui serait fâcheux pour les finances de la Ville et déplorable pour l'hygiène.

Il serait, croyons-nous, préférable, étant donné le mode de livraison que nous avons précédemment proposé, d'imposer aux usagers une taxe fixe donnant droit à la consommation d'un volume journalier largement calculé, de contrôler, au moyen de compteurs, l'utilisation de ce volume, et de ne faire payer au mètre cube que les suppléments de consommation.

Dans ce système, on prendrait pour base une unité de consommation (égale par exemple à 200 litres par vingt-quatre heures), on déciderait que la moindre concession serait de trois unités et, pour autant que cela n'excéderait pas les pouvoirs de l'Administration Municipale ou du Conseil Municipal, on ferait, par un règlement, une classification rationnelle des maisons qui existent dans le périmètre de l'assainissement et l'on fixerait, pour chaque classe, le nombre minimum d'unités d'eau qu'une maison devrait consommer, avec faculté pour les usagers de se faire concéder autant d'unités supplémentaires qu'il leur plairait, en sus de ce minimum obligatoire.

L'on pourrait essayer de faire cette classification en prenant pour base le nombre d'habitants ou le nombre de ménages domiciliés dans chaque immeuble, ce qui serait le plus sûr moyen de proportionner le minimum de consommation aux besoins véritables. Mais si ce procédé paraissait trop inquisitorial pour être praticable, l'on pourrait se contenter de prendre pour base de classification le produit de la surface de l'immeuble par le nombre de ses étages.

Quoiqu'il en soit, il suffirait d'arriver à une moyenne de quatre unités, soit 800 litres obligatoires par immeuble pour que, dans le périmètre de l'assainissement, on fût certain de placer immédiatement 30.000 $\times$ 800 litres $=$ 24.000 mètres cubes ou 30.000 $\times$ 4 $=$ 120.000 unités.

Dès lors, il suffirait que le prix de l'unité fût fixé comme suit pour chacune des provenances :

PROVENANCE DES EAUX	PRIX DE l'Unité par AN	QUANTITÉ MINIMA D'UNITÉS obligatoirement consommées	REVENU BRUT dont la RÉALISATION serait assurée	REVENU BRUT dont la réalisation a été ci-dessus reconnue nécessaire
	Francs		Francs	Francs
Eau du Canal prise à même dans la branche-mère...	12 »	30.000 × 4 = 120.000	1.440.000	1.280.000
Eau du Canal prise dans la branche-mère et épurée par le procédé Howatson	13 »	120.000	1.560.000	1.460.000
Eau du Canal prise dans la branche-mère et épurée par le procédé Anderson	13 50	120.000	1.620.000	1.485 000
Eau de Fontaine-l'Evêque (dans l'hypothèse d'une entente avec le département du Var)........	18 »	120.000	2.160.000	1.930.000
Eau de la Madrague.....	17 »	120.000	2.040.000	1.880.000

D'après le tarif du Canal actuellement en vigueur, le prix moyen de l'unité (fixée, comme il a été dit, à 200 litres) n'est guère inférieur à 10 francs.

Les augmentations de prix proposées n'auraient rien d'excessif, étant données les améliorations considérables qui seraient apportées dans l'alimentation.

D'autre part, ces prix seraient suffisants puisqu'ils assureraient, dans chaque cas, la rentrée des recettes brutes utiles avec un excédent suffisant pour compenser les non-valeurs.

Les unités que l'on vendrait en plus, à la demande des usagers ou simplement par le fait de développement du service, constitueraient de véritables bénéfices ; il en serait de même pour les sommes que l'on retirerait du paiement des mètres cubes que chaque abonné consommerait en plus des unités dont il aurait la concession, mètres cubes dont le prix moyen pourrait d'ailleurs, dans chaque cas, être fixé comme il a été dit précédemment.

(E) Conditions suivant lesquelles pourraient être réglés les rapports entre l'exploitant et les usagers de la nouvelle canalisation.

1° Quand on aurait eu arrêté la classification des immeubles et fixé, pour chaque classe, le nombre minimum d'unités obligatoires, il y aurait lieu de distinguer dans l'ensemble des immeubles qui existent dans le périmètre de l'assainissement :

D'une part : les 15.000 maisons déjà pourvues d'une concession d'eau du Canal ;

D'autre part : les 15 à 18.000 maisons qui n'ont encore aucune alimentation.

Pour les premières, il serait peut-être difficile d'imposer un règlement et un tarif nouveau à des concessionnaires qui peuvent exciper de polices d'abonnement existantes, véritables contrats synallagmatiques qui lient la Ville aussi bien que les particuliers contractants. Pour avoir le droit d'imposer la nouvelle réglementation, il faudrait attendre l'expiration des polices en cours qui, pour toutes, se produira uniformément en 1903, jusque là la Ville devrait se contenter de modifier, à ses frais, la prise de chaque abonné de façon à la transporter sur les conduites de la nouvelle canalisation et ensuite, profitant de ce que la pureté des nouvelles eaux et l'invariabilité de la pression dans les nouveaux réseaux permettraient un réglage assez précis des jauges, elle pourrait limiter, le plus exactement qu'il serait possible, chaque ancienne concession à sa dotation réglementaire.

Dans ces conditions le service des 15.000 concessions anciennes pourrait être continué avec la jauge sans grand inconvénient jusqu'en 1903 et d'ici là, il est probable que beaucoup d'abonnés demanderaient eux-mêmes l'application du nouveau règlement et du nouveau mode de livraison ; afin de faciliter ces transformations volontaires, nous croyons qu'il conviendrait d'exonérer les anciens abonnés de tous frais nouveaux de premier établissement en leur tenant compte de ce qu'ils les ont déjà payés à des taux déjà assez élevés, quand ils ont branché leurs maisons sur le réseau existant.

Tout au plus pourrait-on leur demander 10 à 15 francs à chacun pour payer les frais de modification de leur prise.

D'ailleurs, ce maintien du service à la jauge pour tout ou partie des 15.000 immeubles déjà branchés ne risquerait guère de faire subir à la Ville un déficit important puisque ces immeubles continueraient à rapporter les 700.000 francs qu'ils produisent aujourd'hui, tandis qu'avec le mode nouveau de livraison par unités en comptant, comme nous l'avons fait, sur une moyenne de quatre unités obligatoirement consommées par immeuble, il faudrait que le prix de vente fut supérieur à 12 francs pour que l'on pût espérer retirer plus de 700.000 francs de 15.000 concessions.

Pour les maisons qui n'ont pas encore d'alimentation (15 à 18,000) on leur appliquerait, purement et simplement, le tarif et le règlement élaborés tout exprès pour la double canalisation, en ayant soin d'insérer dans les polices la faculté pour l'exploitant de majorer le prix de l'unité d'eau et celui du mètre cube, lorsqu'aux eaux du Canal prises à même dans la branche-mère, l'on substituerait des eaux plus parfaites et partant plus coûteuses.

Dans ces nouvelles polices, la Ville se réserverait le soin d'exécuter elle-même la prise et le branchement de chaque immeuble jusques et y compris le robinet d'arrêt mis à la disposition de ses agents en dehors du mur de façade. Pour se dédommager des dépenses que nécessiteraient ces travaux, la Ville imposerait à chaque nouvel abonné une taxe de premier établissement, comme cela se fait d'ailleurs aujourd'hui pour le Canal; si elle maintenait le tarif actuellement en vigueur, elle pourrait percevoir près de 75 fr. par unité de 200 litres et se créer ainsi une importante source de bénéfices puisque 15,000 maisons, à raison de quatre unités obligatoires en moyenne, rapporteraient 4,500,000 fr., alors que l'ensemble des travaux de branchement coûterait tout au plus 1,200,000 francs. (Voir l'évaluation déjà faite supra, page 64).

C'est à l'administration municipale qu'il appartiendrait d'apprécier s'il y aurait lieu de faire état de l'intégralité de ces bénéfices; nous croyons, pour notre part, qu'il serait sage de ne pas grever à nouveau d'une charge trop lourde, les propriétaires qui auront, au même moment, à supporter les frais de l'assainissement et, pour les rendre favorables à l'organisation du nouveau service d'alimentation, il serait habile de leur demander une taxe de premier établissement, notablement inférieure à celle qu'ils auraient eu à payer avec le service du Canal. Dans cet ordre d'idées, on pourrait fixer à 40 francs la taxe de premier établissement par unité d'eau de 200 litres ; de cette façon, la recette assurée serait réduite à 2.400.000 francs et, après défalcation des 1.200.000 francs de travaux au compte des particuliers, il resterait encore pour la Ville un boni de 1.200.000 francs dont elle pourrait faire un fort judicieux emploi, que nous allons indiquer.

Le mode de livraison consacré par le nouveau règlement comporterait, ainsi qu'il a été dit, l'emploi obligatoire du compteur pour contrôler la livraison des unités concédées, et enregistrer les quantités d'eau consommées en plus.

La Ville n'imposerait par immeuble qu'un seul compteur officiel, dont le système devrait être agréé par elle et qui devrait pouvoir être visité et contrôlé par les agents de l'exploitation, mais elle laisserait chaque propriétaire libre d'installer dans son immeuble autant de compteurs partiels qu'il lui plairait et elle accepterait même, si la demande lui en était faite, de les considérer comme officiels et de les traiter comme tels, à la condition toutefois qu'ils fussent bien d'un modèle agréé et qu'ils fussent visitables et contrôlables. Satisfaction serait ainsi donnée aux propriéteires qui tiendraient à faire constater officiellement la consommation de chacun de leurs locataires, et qui voudraient pouvoir répartir entre eux la redevance d'eau afférente à leur immeuble. Afin de faire tomber toutes les préventions que les propriétaires Marseillais pourraient avoir contre l'adoption des compteurs, la Ville devrait leur faciliter l'emploi de ces appareils en offrant de les leur louer ; à cet effet, elle pourrait consacrer le boni de 1.200.000 fr. réalisable, comme il a été dit, sur le produit des taxes de premier établissement, à acquérir un approvisionnement de compteurs et à organiser un personnel et un atelier pour les placer, les vérifier et les réparer. Mieux qu'aucun particulier, elle serait à même d'obtenir des prix réduits, tant pour l'acquisition que pour l'entretien de ces appareils et elle pourrait les louer aux abonnés qui en feraient la demande à des conditions tout à fait avantageuses pour eux.

*

CONCLUSION GÉNÉRALE

Dans cette communication dont je vous demande d'excuser la longueur excessive, j'ai essayé de vous montrer combien il est urgent pour la ville de Marseille d'entreprendre l'amélioration de ses services d'eau.

En m'aidant des études faites par le service technique de la Société de grands Travaux avec le concours de M. l'Ingénieur Hanché, j'ai tâché de vous signaler les solutions qui seraient, à notre sens, les meilleures pour réaliser la partie du programme dont l'exécution immédiate s'impose, c'est-à-dire l'*établissement d'un nouveau réseau de distribution et la mise en état du canal de la Durance.*

J'ai passé en revue les diverses provenances d'eau potable auxquelles il serait possible de recourir un jour pour les substituer dans le service de la nouvelle distribution aux eaux de la branche-mère du canal de la Durance, dont l'utilisation provisoire s'impose dans les débuts.

Enfin, je me suis efforcé de vous indiquer les moyens par lesquels il me paraît que la ville de Marseille pourrait réaliser le programme de l'amélioration de ses services d'eau, sans grever son budget de charges nouvelles, en ne demandant rien de plus aux habitants que de consommer l'eau nécessaire à leurs besoins, de la recevoir plus pure et mieux distribuée qu'elle n'est aujourd'hui et de ne la payer qu'à un prix très raisonnable peu différent de celui actuellement en vigueur.

En vous remerciant de la bienveillante attention que vous avez bien voulu m'accorder pendant cette soirée, je vous demande, Messieurs, de vouloir bien vous associer aux vœux que je forme pour la prompte exécution de travaux dont la réalisation peut seule, au double point de vue hygiénique et financier, sauvegarder les plus hauts intérêts de la ville de Marseille.

NOTE

État actuel de la distribution des eaux dans la Ville de Marseille.

L'alimentation de la Ville de Marseille est assurée actuellement par les eaux du Canal de la Durance; la distribution en est faite par un réseau assez complexe qui dessert à la fois, les services publics et les services privés.

I. — Description du réseau existant.

Le réseau de distribution existant est établi d'après le système ramifié, c'est-à-dire constitué par de grandes artères qui reçoivent l'eau en tête et la distribuent dans des conduites de service qui se divisent elles-mêmes en plusieurs branches de diamètres régulièrement décroissants et se terminent en cul-de-sac dans les ramifications extrêmes.

La distribution est divisée en deux étages caractérisés par la différence d'altitude du plan d'eau alimentaire en tête des conduites maîtresses.

L'étage inférieur, de beaucoup le plus important, prend ses eaux dans la dérivation de Longchamp.

L'étage supérieur, dit « tracé Rouge » s'alimente dans la branche du Canal dite de « Saint-Bàrnabé » à la cote 134 m. 45.

Étage inférieur. — L'étage inférieur se subdivise comme suit :

(A) **Conduite Vincent.** — Point de départ : Extrémité de l'aqueduc de Longchamp.

Cote de départ : 74 m. Diamètre constant : 0 m. 50.

Tracé constamment en galerie : Boulevard Longchamp, rue Bernex, rue Saint-Savournin, Plaine Saint-Michel, rue Fontange, rue de Lodi, rue Vincent, rue de l'Abbé-Féraud.

Dans la rue de l'Abbé-Féraud, cette conduite livre 180 litres d'eau sous pression qui servent à faire marcher la turbine d'un moulin.

Le canal de fuite, constitué par une galerie sonterrraine, conduit les eaux dans l'usine des Forges et Chantiers, où une nouvelle chute disponible de 8 mètres environ sert encore à actionner un moteur.

A la sortie des Forges, les eaux s'écoulent par la pente naturelle dans la rigole dite de Menpenti; elles actionnent encore deux ou trois petits moteurs industriels; elles font un peu d'arrosage dans les environs du boulevard Rabatau, et, finalement, elles se perdent dans le Jarret.

La conduite Vincent dessert tant bien que mal les services publics et les services privés dans la partie Est de la Ville, comprenant les quartiers de la Magdeleine, du Camas, de la Loubière, de Menpenti et de Lodi.

Mais les pertes de charge dans les ramifications, l'ouverture fréquente des bouches d'arrosage et l'alimentation des concessions de force motrice ont pour effet de réduire considérablement la pression originelle de 74 m. qui serait à peine suffisante pour assurer un bon service d'étages dans des quartiers où l'altitude du terrain naturel dépasse, en bien des points, la cote 40 m. Il en est résulté que, dans les quartiers élevés de la Magdeleine, du cours Devilliers et de la plaine Saint-Michel, l'alimentation des maisons, par le réseau de Longchamp, a été reconnue impossible, et il a fallu en attribuer le service au deuxième étage (Tracé Rouge).

En d'autres points, sans aller jusqu'à utiliser le tracé Rouge, il a fallu suppléer à l'insuffisance de pression dans la canalisation primitive en créant une double canalisation véritable notamment : *Conduite dite de Lodi*. Diamètre : 0.25, qui part de Longchamp, suit (partie en galerie, partie en tranchée, rue Thiers), un tracé parallèle à la conduite Vincent et accompagne celle-ci jusque dans la rue de Lodi au droit de l'Hôpital Militaire, pour suppléer à son insuffisance. *Doubles canalisations des rues Abbé-de-l'Epée et Gérando, boulevards Chave et Mérentié, rue Ferrari et chemin de Saint-Pierre* ajoutées après coup pour faciliter, dans ces voies, l'alimentation devenue impossible d'une partie des concessions privées.

Malgré tous ces expédients, le service du Canal n'arrive qu'à grand'-peine à desservir tout au plus la moitié des immeubles existant dans ces quartiers et leur alimentation très précaire soulève des réclamations incessantes.

Conduite de Montebello. — Point de départ : Extrémité de l'aqueduc de Longchamp. Cote de départ : 74 m. Diamètre constant : 0 m. 60.

Tracé constamment en galerie : Boulevard Longchamp, rue Bernex, rue Saint-Savournin, place Saint-Michel, rue Saint-Michel, rue des Minimes, boulevard de Rome, place de la Préfecture, boulevard du Muy, cours Pierre-Puget, rue Breteuil, rue Montebello.

Cette conduite fait un important service de route à travers la ville et elle se termine, au bas du boulevard Vauban, dans un puisard dont le radier est à la cote 61.72 et où elle a mission d'amener un débit moyen de 250 litres.

Malheureusement, il est impossible de concilier le bon fonctionnement simultané du service en route et du service d'extrémité ; quand le premier est en pleine activité, le second est en souffrance, et c'est là un fait d'autant plus fâcheux que le service d'extrémité alimente toute une vaste zone du périmètre urbain.

Du puisard du boulevard Vauban partent, en effet, deux rigoles, dites du « tracé bleu » qui desservent les flancs et les abords de la colline de Nôtre-Dame-de-la-Garde.

La première de ces rigoles se dirige vers le Sud et, contournant la colline dans une direction généralement parallèle aux allées du Prado, elle vient déverser son trop-plein à la mer sur le chemin de la Corniche, près du Roucas-Blanc. Etablie d'abord en souterrain, sous les hauteurs des Villas-Paradis, elle se continue ensuite par un aqueduc maçonné, tantôt dallé, tantôt découvert. Le débit moyen à l'origine est d'environ 210 litres, mais au droit de la rue Sainte-Philomène, 60 litres sont dérivés pour actionner le moulin Gros et la scierie Clément, alimenter la fontaine Castellane et se perdre ensuite dans l'égout du vieux chemin de Rome.

Sur le parcours, près de la traverse du Fada, la Ville utilise une chute de la rigole pour élever les eaux nécessaires à l'alimentation du haut quartier de Gratte-Smelle.

Cette rigole, dite du *Prado-Bleu* alimente toutes les conduites en fonte qui assurent à la fois le service public et le service privé dans les quartiers de la rue Paradis, de Castellane, du Rouet, du Prado, de Saint-Giniez et de la Plage. La pression originelle réglée par le niveau des eaux dans la rigole, serait à peu près suffisante pour la bonne alimentation des quartiers desservis ; mais les variations du débit fourni par la conduite Montebello dans le puisard d'origine, rendent l'alimentation de la rigole fort précaire, et, d'autre part, sur le réseau de distribution lui-même, le fonctionnement des services publics fait à tel point varier la charge, qu'il est impossible de régler les prises des concessions privées, et les usagers, très mal desservis, font d'incessantes réclamations.

La deuxième rigole passe sous le sommet de Notre-Dame-de-la-Garde au moyen d'un souterrain qui a 600 mètres de longueur, et elle se continuepar un Canal maçonné, partie dallé, partie découvert qui se développe à flanc de coteau jusqu'au haut du boulevard Bompard.

Le débit de cette rigole est d'environ 40 litres et elle alimente tout le réseau de distribution qui dessert les quartiers du haut Chabas, de Saint-Lambert, d'Endoume, des Auffes et de l'Oriol. Ce réseau unique dessert à la fois les concessions privées et les prises des services publics, mais ces dernières sont si peu nombreuses et si rarement utilisées dans ces quartiers suburbains, que leur fonctionnement n'apporte pas de trouble appréciable dans la distribution privée. Les concessionnaires n'en sont pas moins très imparfaitement desservis à cause des variations incessantes du débit alimentaire fourni en tête de la rigole par la conduite Montebello.

Conduite de la Colline Pierre-Puget. — Point de départ : Extrémité de l'Aqueduc de Longchamp. Cote de départ : 74 m. Diamètre constant ; 0 m. 50.

Tracé constamment en galerie (même tracé que la conduite Montebello sur un très long parcours) : Boulevard Longchamp, rues Bernex, Saint-Savournin, place Saint-Michel, rues Saint-Michel, des Minimes, boulevard de Rome, place de la Préfecture, boulevard du Muy, cours Pierre-Puget.

Cette conduite débouche à la cote 51 dans le fond d'un réservoir souterrain de 15.000 mètres cubes construit sous le plateau de la Colline Pierre-Puget.

Elle fait, comme la conduite Montebello, un important service de route à travers la Ville ; le fonctionnement des orifices publics qu'elle dessert, produit de fréquentes et considérables variations dans sa ligne de charge et dans son débit d'extrémité.

Le réservoir de queue sert, tant bien que mal, à régulariser la charge et surtout à commander le réseau de distribution du boulevard de la Corderie et des Catalans ; mais il est alimenté de façon si précaire par le débit d'extrémité de la conduite-maîtresse qui y aboutit, que le service de distribution est très mal assuré dans tous les quartiers qui entourent la Colline Pierre-Puget et les réclamations des usagers y sont incessantes, notamment dans le quartier des Catalans.

Conduite des Moulins. — Point de départ : Extrémité de l'aqueduc de Longchamp. Cote de départ : 74 m. Diamètre constant : 0 m. 50.

Tracé constamment en galerie : Boulevard Longchamp, boulevard National, boulevard de la Gare, rues Bernard-du-Bois, des Enfants-Abandonnés, des Grands-Carmes, place des Carmes.

Nota. — La conduite des Moulins se continuait autrefois, pour venir aboutir dans un réservoir de 8.000 mètres cubes construit sous la place des Moulins. Mais ce réservoir, dont le radier est à peine à la cote 34 m. était placé trop bas pour faire fonction de régulateur de pression ; il a été abandonné et en outre, au moment de l'ouverture de la rue de la République, la tranchée de la place Centrale ayant recoupé la galerie du Canal, l'on a cessé d'utiliser toute la partie en aval, et la conduite principale s'arrête aujourd'hui sous la place des Carmes, en tête de la rue Méry.

Cette conduite se ramifie en branches secondaires très importantes qui parcourent le boulevard National, le boulevard des Dames, la rue de la République, les vieux quartiers de l'Hôtel-Dieu et les quais des ports. Ce réseau a pour mission d'alimenter les services publics et les concessions privées dans la presque totalité du vaste périmètre limité par le boulevard National, la Mer, la Cannebière, la rue Noailles, les allées de Meilhan et le boulevard Longchamp. Mais cette alimentation s'est trouvée si mal assurée qu'il a fallu, comme nous allons voir, chercher à suppléer à l'insuffisance du réseau et, malgré toutes les améliorations apportées, la distribution dans cette partie de la Ville, est encore aussi incomplète qu'imparfaite. Dans les vieux quartiers, un tiers au plus des immeubles possèdent des concessions ; sur les quais, l'ouverture des bouches d'eau n'est autorisée qu'avec la plus stricte parcimonie, même pour l'alimentation des navires, afin d'éviter les chutes brusques de pression dans tout le réseau ; malgré cela, partout où la cote du terrain naturel dépasse 25 m., il a fallu renoncer à desservir les étages supérieurs et dans le périmètre entier, les variations de pression sont si fréquentes et si brusques qu'il est impossible de régler les concessions, et la Ville subit des usurpations considérables sans pouvoir faire cesser les réclamations souvent fondées des usagers.

Conduite de la Cascade ou des Théâtres. — Point de départ : Bief amont du siphon de Saint-Charles sur la dérivation de Longchamp. Cote de départ : 74 m. 30.

Diamètres et tracés	1re Partie..	Berge du Canal........	en tranchée.
		Plateau de Longchamp, Château-d'Eau, place Bernex, boulevard Longchamp jusqu'au Boulevard National..........	en galerie.
		D = 0 m. 60.	
	2me Partie.	Boulevard Longchamp, depuis le boulevard National, cours du Chapitre, allées de Meilhan..	en galerie.
		D = 0 m. 50.	
	3me Partie.	Rue Noailles........... .	en galerie.
		Rue Cannebière...... ..	en tranchée.
		D = 0 m. 40.	

Cette conduite, en passant sous le Château-d'Eau, alimente la Cascade par un tuyau vertical qui peut débiter 250 litres. Elle se continue ensuite à travers le centre de la Ville pour remédier, dans une certaine mesure, à l'insuffisance de l'ensemble du réseau de distribution, en lui apportant, par des branchements, un supplément de débit et un renouvellement de pression là où font plus particulièrement défaut ces deux facteurs de l'alimentation.

Cette conduite maîtresse a, en outre, la fonction spéciale de commander par des branchements de 0.20 et 0.25 les services d'incendie du Palais-de-Cristal, du Gymnase, des Variétés et du Grand-Théâtre, de telle sorte qu'en cas d'accident dans une quelconque de ces salles de spectacle, l'on a toujours la certitude de pouvoir la desservir, quelles que soient, au même moment, les conditions de débit et de pression dans le réseau général de la Ville.

Alimentation spéciale des quartiers des Chartreux et de la Madeleine. — Les quartiers élevés qui bordent le chemin des Chartreux jusqu'au boulevard Rondel et le boulevard de la Madeleine, jusqu'à la rue d'Isoard, sont alimentés par une canalisation spéciale, en tuyaux de 0.30, qui part de l'extrémité de l'aqueduc de Longchamp à la cote 74 m, débouche par le boulevard Cassini et se ramifie en un réseau de conduites à diamètres décroissants.

Cette canalisation a été bien vite reconnue insuffisante pour assurer simultanément les services publics et les services privés ; on lui en a adjoint une seconde qui part en tuyaux de 0.25, qui est constamment parallèle à la première et qui ne sert qu'à alimenter un certain nombre de concessions privées.

Malgré cette précaution, l'alimentation des maisons s'est encore trouvée très mal assurée dans les points hauts et, pour faire cesser les réclamations, le service du Canal s'est décidé à mettre une partie de la seconde canalisation en communication avec les conduites de l'étage supérieur (Tracé rouge).

Alimentation spéciale du quartier Saint-Just.— L'agglomération de Saint-Just, dans laquelle le terrain naturel atteint jusqu'à la cote 69 m. est alimentée par une canalisation spéciale qui est branchée sur la rigole dite de Saint-Jérôme, n° 1, au-dessus de Malpassé, près la traverse des Mûriers. Cette canalisation, qui est en tuyaux de fonte de 0.16, passe dans la traverse des Mûriers, le chemin de Saint-Jérôme et arrive sous la route Nationale, n° 8 bis, à Malpassé, puis, se dirigeant sur la Ville, elle suit cette route et se termine près la traverse Saint-Charles, en face l'établissement des Petites Sœurs des Pauvres.

Alimentation spéciale des hauts quartiers de Saint-Charles.— Les hauts quartiers de Saint-Charles sont alimentés par diverses canalisations qui ont leur prise sur la dérivation de Longchamps, en amont du siphon de Saint-Charles.

Une de ces canalisations, dite des « Coteaux des Chartreux, » dont la prise est au quartier de Belle-Vue, entre Saint-Just et Saint-Barthélemy, dessert le coteau des Chartreux et se ramifie, d'un côté, jusqu'au chemin des Chartreux et au boulevard de la Fédération, de l'autre, jusqu'à la traverse Saint-Charles.

Une deuxième, dont la prise est peu en amont du siphon de Saint-Charles, dessert le boulevard de ce nom jusqu'à la rue Paul.

Une troisième, qui descend le boulevard Tricon, en tuyaux de 0.15, dessert spécialement la gare Saint-Charles.

Une quatrième, qui descend également le boulevard Tricon et ensuite la rue Peautrier, en tuyaux de 0.20, dessert toute la zone comprise entre le chemin de la Belle-de-Mai et la rue Guibal, jusqu'à la rue Bleue, notamment la raffinerie de Saint-Charles et la Manufacture des Tabacs. Toutefois, les établissements militaires de Saint-Charles, et le bas de la rue Guibal sont alimentés par le branchement de la conduite des Moulins, qui suit le boulevard National.

Deux autres canalisations de petit diamètre et ayant chacune sa prise directe, desservent les hauteurs du boulevard Dadha, Pardigon et Barbier.

Alimentation spéciale de la Belle-de-Mai.— L'agglomération de la Belle-de-Mai est alimentée par une canalisation spéciale qui part de la dérivation de Longchamp en tuyaux de 0m 25, descend le boulevard Guigou et se ramifie dans tout le quartier jusqu'au boulevard National et au Chemin de Saint-Joseph.

Nota.— Tous ces réseaux spéciaux de Saint-Charles et de la Belle-de-Mai ne desservent guère que des concessions privées, car, dans ces quartiers suburbains, les services publics sont encore fort peu développés et au cas d'établissement d'une double canalisation, il y aurait un réel avantage à conserver, pour la distribution privée, le réseau très complet qui existe actuellement et à créer, pour les services publics, un réseau nouveau qui pourrait être assez rudimentaire et partant peu coûteux.

Etage supérieur.— L'étage supérieur dit « Tracé rouge, » s'alimente dans la branche du canal dite de Saint-Barnabé à la cote 134.45.

Une conduite de 0.50 de diamètre, part du Canal et après un faible parcours, elle se bifurque en deux canalisations distinctes :

La première, qui a 0.30 de diamètre au départ, dessert les quartiers de Saint-Barnabé et de la Blancarde jusque près du pont du chemin de Saint-Barnabé sur le Jarret ; de ce point elle se prolonge sur la rive droite en tuyaux de 0.15 et va alimenter les jets d'eau du Palais de Longchamp, arroser les jardins du Plateau de Longchamp et desservir l'Observatoire, ainsi que quelques immeubles du boulevard Saint-Charles.

La seconde, en tuyaux de 0.40, descend jusqu'au Jarret, et là, elle se bifurque en trois canalisations qui constituent le « Tracé rouge » proprement dit, et qui traversent le ruisseau sur le pont de la Blancarde.

Les trois conduites du « Tracé rouge » constituées : deux en tuyaux de 0.25 et une troisième en tuyaux de 0.20, traversent la ville de part en part pour aboutir, par des tracés différents, sur les flancs de Notre-Dame-de-la-Garde, au sommet du boulevard Vauban.

Sur leur parcours, elles font un service de route consistant en l'alimentation d'environ deux cents concessions privées dans les quartiers élevés de la Magdeleine, du cours Devilliers, du boulevard Chave et de la Plaine Saint-Michel ; le débit nécessaire à l'alimentation réglementaire de ces concessions ne devrait pas dépasser 3 litres 5 ; en réalité, il peut atteindre 8 à 10 litres.

Autrefois, les eaux du « Tracé rouge » arrivaient dans un petit réservoir construit à l'extrémité du boulevard Vauban avec son radier à la cote 100, mais ce réservoir a été abandonné et actuellement, chacune des conduites s'épanouit à son extrémité en un réseau spécial qu'elle alimente.

La conduite de 0.20 dessert le quartier situé sur la droite (en descendant) des boulevards Vaubau et Montebello (rue de la Guadeloupe, rue Lacédémone, rue de la Martinique, rue des Villas Paradis, etc..). Il n'y a à desservir, sur ce réseau, que des concessions privées dont l'alimentation réglementaire n'exigerait pas plus de 2 litres, mais pour lesquelles il est prudent de compter sur une dépense réelle de 6 à 7 litres.

Une des conduites de 0.25, celle qui arrive par les rues Dragon et Breteuil, alimente :

A droite : Les parties hautes des rues Dragon, Breteuil, boulevard Notre-Dame, rue Cherchell, boulevard Gazzino, Montée des Oblats et rue Chaix.

A gauche : Par la rue St-François-d'Assises, la rigole dite du « *Prado Rouge* » qui se développe à flanc de coteau sur le sommet sud de Notre-Dame-de-la-Garde jusqu'à la batterie du Roucas-Blanc. Le trop-plein des eaux se déverse par le chemin de la Corniche au lieu dit « Le Prophète ». Cette conduite ne dessert, tant d'un côté que de l'autre, que des concessions privées dont l'alimentation réglementaire n'exigerait que 1 litre 5 pour le service de droite, et 9 litres 25 pour le service de gauche, soit au total 10 litres 75.

Mais il est prudent de compter sur une dépense réelle de 20 litres.

La seconde conduite de 0.25, celle qui arrive par la Place Castellane, traverse le sommet de Notre Dame de la Garde en utilisant le souterrain à la cote 61,72 dont nous avons déjà parlé à propos des rigoles du tracé bleu alimentées par la conduite Montebello. A la sortie du souterrain, elle s'épanouit en un réseau de distribution dit : « *Réseau Endoume*

Rouge » qui dessert, sur le versant Sud-Ouest de Notre-Dame de la Garde, tous les terrains compris entre les cotes 45 et 90 : (Chemin Vicinal du Roucas-Blanc, Haute Cité Chabas, Boulevard Autran, etc...) Ce service ne comprend que des concessions privées dont l'alimentation réglementaire n'exigerait guère que 13 litres, mais il est prudent de compter sur une dépense réelle de vingt-quatre litres (1).

En résumé les trois conduites du tracé rouge amènent au sommet du Boulevard Vauban un débit total d'environ 61 litres, après en avoir distribué au plus une dizaine en route. Elles ne desservent, tant en route qu'à leur extrémité, que des concessions privées et dans les quartiers desservis à leur extrémité, il est tout à fait inutile de prévoir l'établissement d'une double canalisation car les services publics y sont à peu près nuls et pendant longtemps encore leur alimentation pourra être assurée par le réseau unique de distribution, sans exiger de grandes quantités d'eau, ni porter atteinte au bon fonctionnement des services privés.

Alimentation de Gratte-Semelle. — L'alimentation de Gratte-Semelle dont nous avons déjà dit un mot à propos de la conduite Montebello constitue une sorte de troisième étage.

Il s'agit là d'un quartier très élevé que les eaux du tracé Rouge ne peuvent atteindre et dont on a assuré le service par une élévation mécanique.

Une chute de 7 mètres et de 150 litres de débit moyen, située sur la rigole « *Prado Tracé Bleu* » à l'intersection avec la Traverse du Fada, sert à actionner une turbine qui élève actuellement tout au plus 2 litres 5 dans un petit réservoir dont le radier est à la cote 133 m. 78.

Ce débit, bien qu'exclusivement employé à alimenter les concessions privées, est insuffisant pour satisfaire à toutes les demandes d'abonnement. Afin d'y suppléer, le service du Canal vient d'étudier une modification de l'usine élévatoire qui permettra une meilleure utilisation de la force hydraulique disponible. Quand ces travaux d'amélioration auront été exécutés, l'on pourra élever près de 5 litres d'eau dans le

(1) Tout récemment on a branché sur la canalisation du tracé Rouge au bout de la rue Dragon une conduite de 0.08 pour desservir l'École de Médecine du Pharo. La pression de plus de 40 mètres qui est ainsi assurée de façon permanente dans cet établissement est employée à faire fonctionner de petits moteurs hydrauliques dans les laboratoires.

réservoir de Gratte-Semelle, et l'alimentation de ce quartier se trouvera très suffisamment assurée.

NOTA. — Les quartiers desservis par le tracé Rouge et par le réseau de Gratte-Semelle ont une alimentation encore plus précaire que dans le reste de la Ville, car en temps de chômage du Canal, ils sont absolument privés d'eau, les uns parce que les eaux du Bassin de Réaltort, intégralement absorbées par la dérivation de Longchamp, n'arrivent pas dans la dérivation de Saint-Barnabé jusqu'à la prise du Tracé Rouge, les autres parce que l'eau motrice fait défaut pour faire fonctionner la turbine de Gratte-Semelle.

Barthelet & Cie, Marseille.

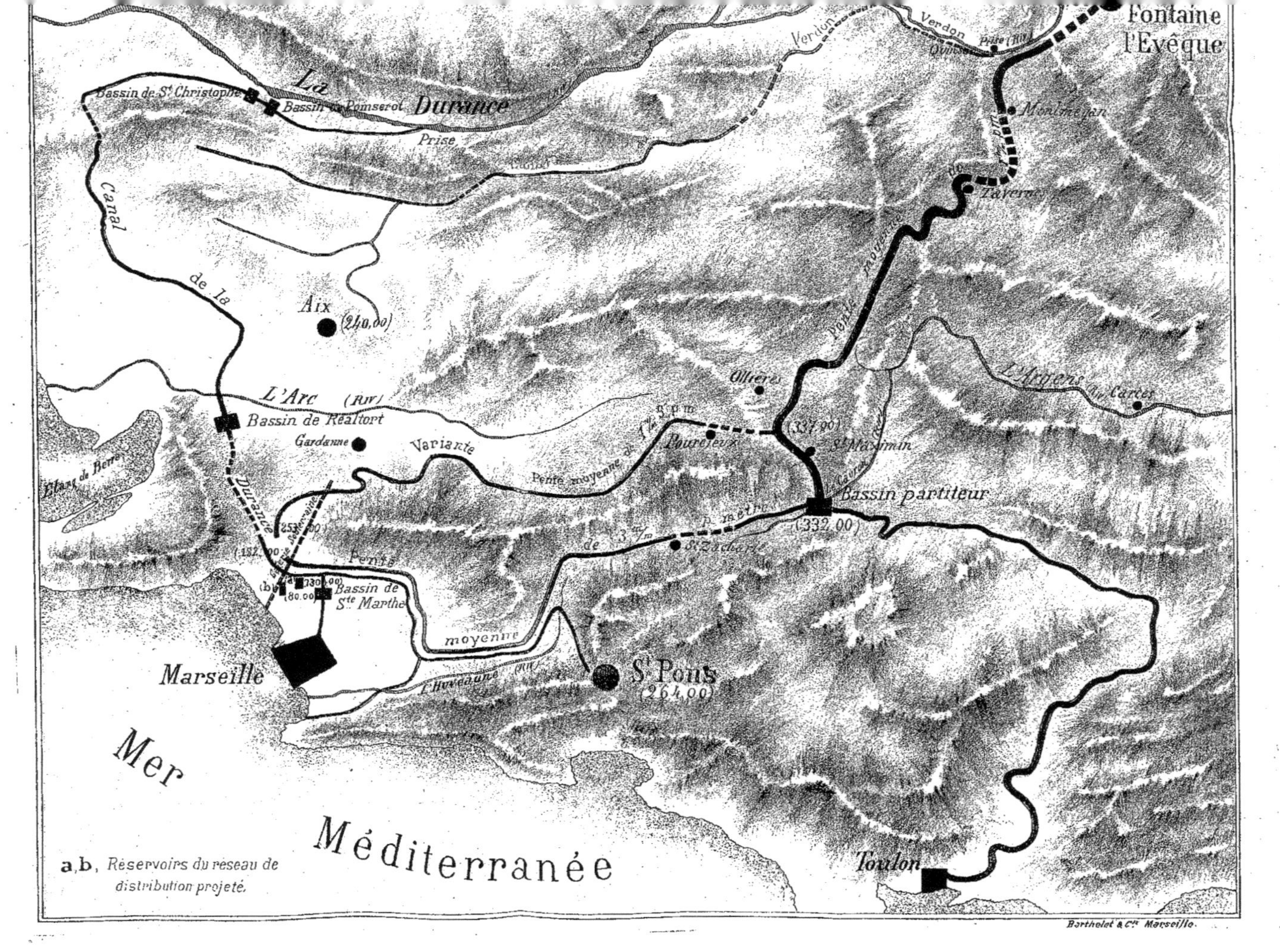

Fontaine l'Evêque
La Durance
Bassin de St Christophe
Prise
Verdon
Canal de la Durance
Aix (240,00)
L'Arc
Bassin de Réaltort
Gardanne
Variante
Etang de Berre
Ollières
Pourcieux
St Maximin
(337,00)
Bassin partiteur
(332,00)
L'Argens
Carces
Tavernes
Montmeyan
St Zacharie
Pente moyenne
Bassin de Ste Marthe
Marseille
St Pons (264,00)
Mer Méditerranée
Toulon
a,b, Réservoirs du réseau de distribution projeté.
Barthelet & Cie Marseille.

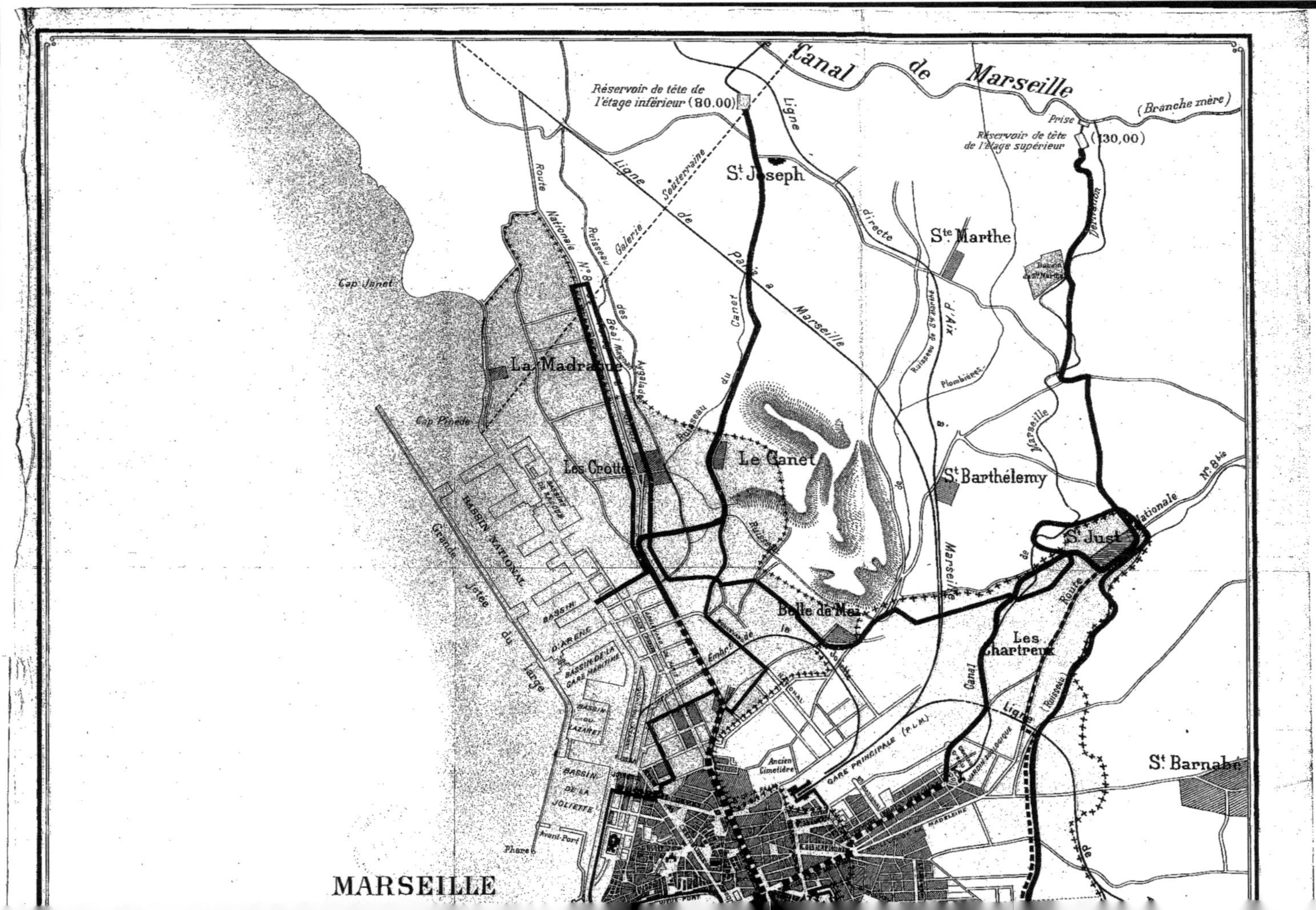
MARSEILLE
Canal de Marseille
(Branche mère)
Prise
Réservoir de tête de l'étage inférieur (80.00)
Réservoir de tête de l'étage supérieur (130,00)
Dérivation
St. Joseph
Ste. Marthe
St. Barthélemy
St. Just
St. Barnabé
Les Chartreux
Le Canet
Belle de Mai
Les Crottes
La Madrague
Cap Janet
Cap Pinède
Grande Jetée du large
Bassin National
Bassin d'Arenc
Bassin de la Gare Maritime
Bassin du Lazaret
Bassin de la Joliette
Avant-Port
Phare
Ligne de Paris à Marseille
Galerie Souterraine
Ligne directe
Route Nationale N° 8
Route Nationale N° 8 bis
Ruisseau des Aygalades
Ruisseau du Canet
Ruisseau de Ste. Marthe
Plombières
Marseille à Aix
Canal
Ligne (Ruisseau)
Gare Principale (P.L.M.)
Ancien Cimetière
Jardin Zoologique
Boulevard de la Madeleine
Embranchement de la Joliette

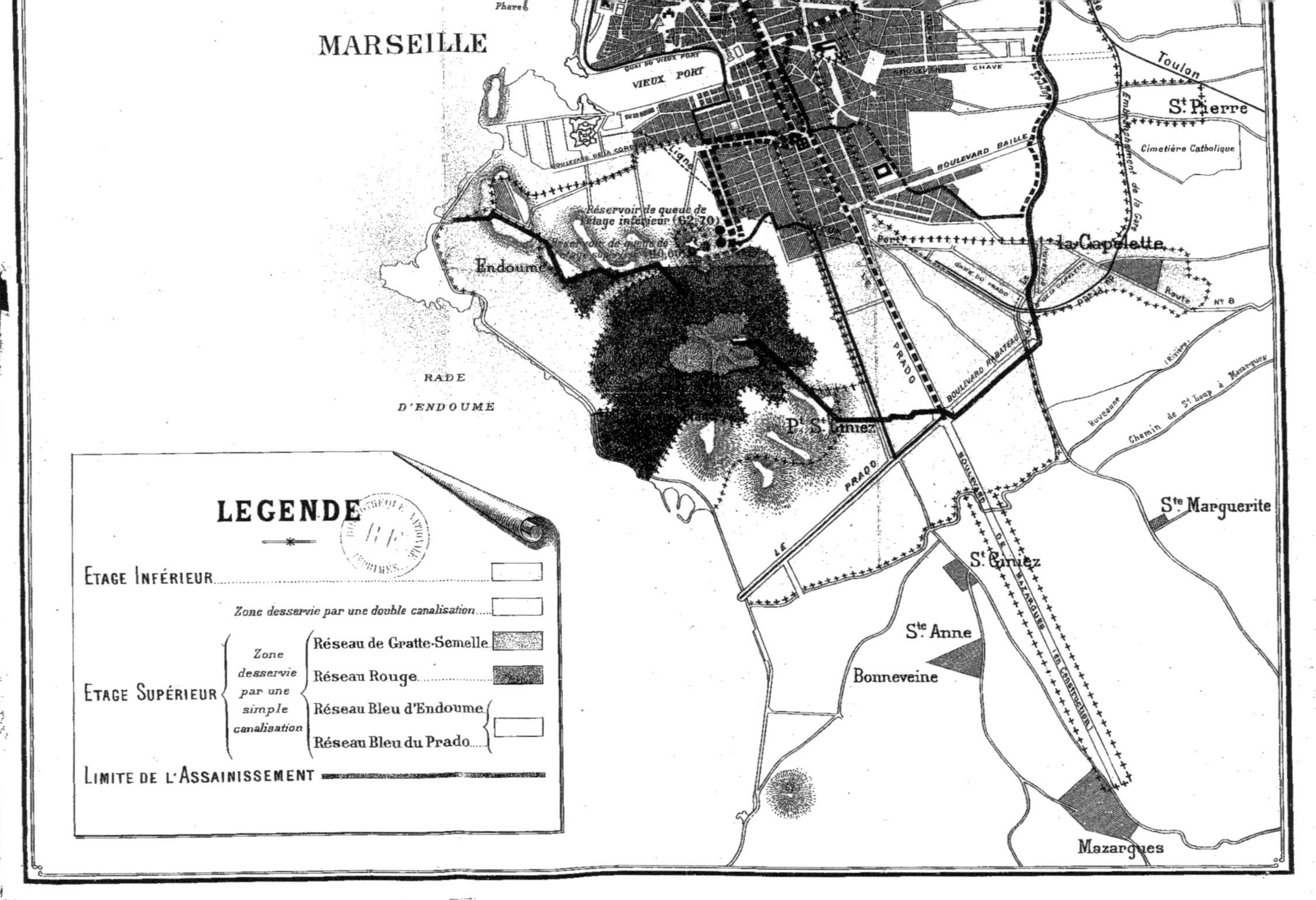
MARSEILLE
Phare
VIEUX PORT
QUAI DU VIEUX PORT
CHAVE
BOULEVARD BAILLE
Toulon
St. Pierre
Cimetière Catholique
Embranchement de la Gare
Réservoir de queue de
Etage inférieur (62.70)
Endoume
la Capelette
Route No 8
RADE
D'ENDOUME
PRADO
BOULEVARD RABATEAU
Pt St Giniez
LE PRADO
Huveaune (Rivière)
Chemin de St Loup à Mazargues
Ste Marguerite
St Giniez
BOULEVARD DE MAZARGUES
(en Construction)
Ste Anne
Bonneveine
Mazargues
LEGENDE
Etage Inférieur
Zone desservie par une double canalisation
Etage Supérieur
Zone desservie par une simple canalisation
Réseau de Gratte-Semelle
Réseau Rouge
Réseau Bleu d'Endoume
Réseau Bleu du Prado
Limite de l'Assainissement

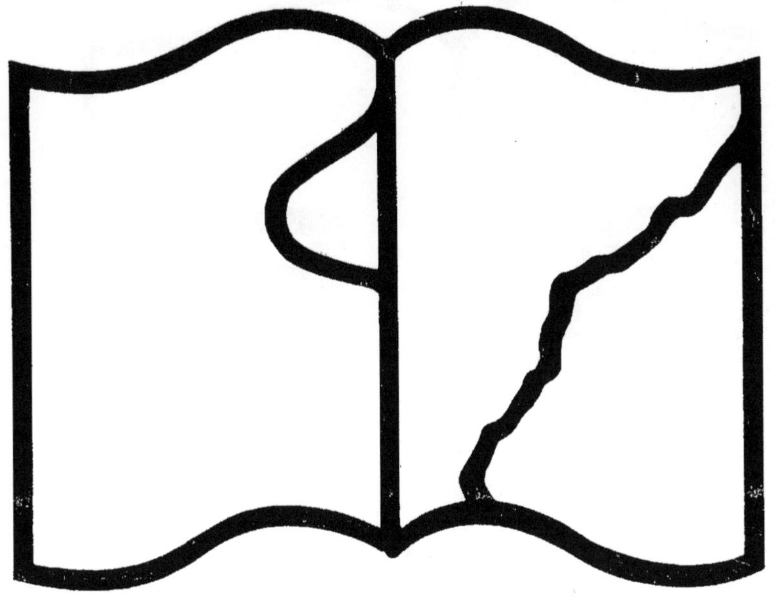

Texte détérioré — reliure défectueuse

NF Z 43-120-11

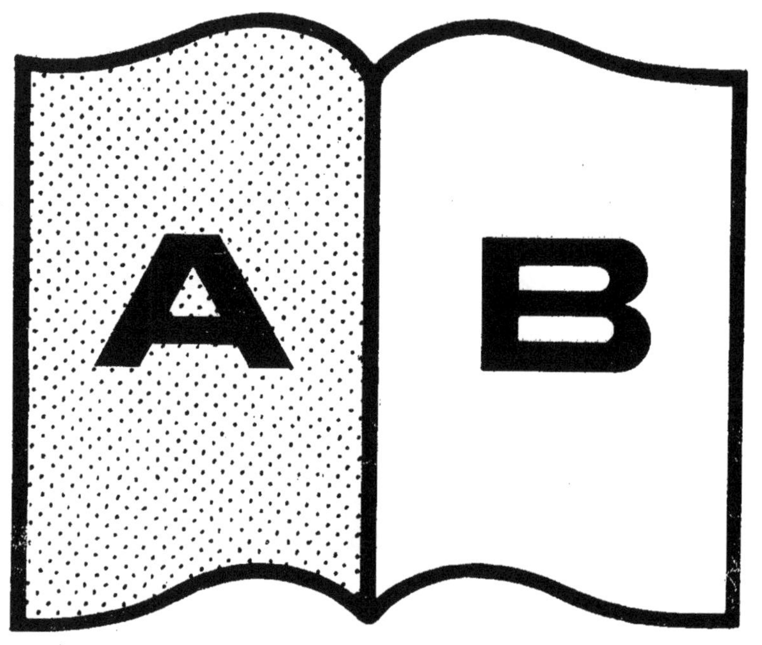

Contraste insuffisant

NF Z 43-120-14

www.ingramcontent.com/pod-product-compliance
Ingram Content Group UK Ltd.
Pitfield, Milton Keynes, MK11 3LW, UK
UKHW020203200726
13856UKWH00003B/1157